Heidegger for Architects

건축가를 위한 하이데거

건축과 철학 / 건축가를 위한 사상가 Thinkers for Architects

편집위원장

Adam Sharr, Cardiff University, UK

편집위원

Jonathan A. Hale, University of Nottingham, UK

Hilde Heynen, KU Leuven, Netherlands

David Leatherbarrow, University of Pennsylvania, USA

건축가는 디자인 영감을 얻기 위하여 배움 이상의 무엇인가를 얻기 위하여 혹은 실제 유용한 비판적 체계를 연구하는데 철학자와 이론가들에 주목해 왔다. 이 독창적인 시리즈는 건축에 관하여 저술하였거나 건축 디자이너를 위한 통찰력을 제시한 작업들을 개진한 중요 사상가들에 대하여 매우 지적이고 분명한 안내와 지침들을 제공한다.

건축가를 위한 들뢰즈와 가타리 Deleuze and Guattari for Architects
Andrew Ballantyne 지음. 장정제, 송규만 옮김

건축가를 위한 이리가라이 Irigaray for Architects
Peg Rawes 지음. 국현아, 박보라, 장정제 옮김

건축가를 위한 바바 Bhabha for Architects
Felipe Hernández 지음. 이종건 옮김

건축가를 위한 벤야민 Benjamin for Architects
Brian Elliott 지음. 이경창 옮김

건축가를 위한 데리다 Derride for Architects
Richard Coyne 지음. 임기택 옮김

건축가를 위한 푸코 Foucault for Architects
Gordana Fontana-Giysti 지음. 장정제 옮김

Heidegger for Architects

건축가를 위한 하이데거

Adam Sharr 지음

이경창 옮김

Spacetime

역자 서문

우리는 이미 많이 하이데거를 접하고 있다고 말할 수 있을 만큼 건축에서 하이데거의 영향력은 크다. 누구나 들어봤듯이, '장소', '거주', '진정성' 이라는 단어는 곧바로 하이데거와 연관된다. 하지만 그만큼 우려스러운 점이 있는 것도 사실이다.

많은 건축가들과 이론가들이 하이데거의 철학적 개념을 전용하지만, 어쩌면 자신들의 작품성을 고양시키기 위한 전략이 아닐까 의심스러울정도로 난해하고 추상화되어 올바른 지적 소통을 만 들어내지 못하는 경우가 비일비재하기 때문이다. 현실 생활과 동떨어져 건축을 추상화, 미학화되는 경우들이다. 정작 하이데거는 이를 비판하지 않았는가! 이 책에서 만나게 되는 하이데거는 아카데미의 고리타분함을 비판했으며, 개념적 오브제가 아닌 현실의 필요에서 나온 사물로 건축을 바라보라고 말한다. 우리는 그를 현학의 틀에서 구해내어 일상 삶의 사유로 끌어와야 할 것이다. 이 책이 그런 계기가 될 수 있길 바란다.

하지만, 이 책의 저자는 여기에서 또 한 번 경고의 목소리를 보낸다. 무비판적으로 수용하지 말고 비판하고 또 비판하라고. 그래서 어쩌면 이 책은 하이데거 비판서에 가깝게 여겨지기도 한다. 그만큼 현대 건축에서 하이데거는 뜨거운 감자이며, 그에 대한 천착 없이는 올바른 현대건축에 대한 이해또한 힘들다. 한 인물과 사상에 대해 균형 있는 시각을 유지하는 것은 꽤나 어려운 일이다. 하지만, 올바른 심판이란 잘하는 건 잘한다고 말하고 못하는 건 못한다고 말하는 사람이라 볼 때 이 책의 저자는 양면의 모습을 적절하게 기술하려 한다. 저자의 말처럼, 하이데거에게 나치와의 연루와 인종차별적인 색채가 있음은 부정할 수 없다. 하지만 존재와 예술작품 특히 건축에 대한 공헌 또한 공정하게 평가되어야 한다.

이 짧은 책은 분량의 문제인지 굉장히 축약적으로 서술되었다. 그러다 보니 이 책은 하이데거에 대한 풍부한 해석을 담고 있다기보다는 건축에 관한 보다 특화된 얘기를 담고 있다. 또한 문체가 딱딱할 수밖에 없다. 이를 부드럽게 풀어서 번역해야 하지만 역자의 한계로 그리 하지 못했음을 우선 고백해야 할 것 같다. 아울러 역자가 하이데거 철학에 그리 능통하지 못한 탓도 있다. 더군다나 국내 번역본을 참고하여도 더 오리무중이기 십상이었다. 이 책에서 대상으로 하는 하이데거의 글이 주로 대중 강연용이었음에도 말이다.

이런 역자의 한계와 본 책의 한계에도 불구하고 이 책의 일독을 권할 수 있는 것은 이 책이 건축가의 입장에서 철학자를 설명하는 거의 유일한 책이라는 점이다. 하이데거에 대한 대중적 개론서는 시중에 엄청나게 많다. 하지만 그 대부분은 건축의 입장에서 서술된 것이 아니며 균형 있는 비판보다 사유의 깊이에만 초점을 맞춘 경우가 대부분이다. 그러다 보니 무척 난해하며 어쩌면 신비화에 기여하는 건 아닌가 싶을 정도이다. 건축을 전공하는 사람에게는 철학이라는 타 분야를 건축의 입장으로 전용하여 살핀 예에서 시작하는 것이 가장 좋다. 예술이나 철학분야에서 바라본 하이데거는 아무래도 건축의 관심사와 동떨어질 수밖에 없고 엉뚱한 늪에 빠지기 쉽다. 이 책은 건축계에 하이데거가 어떤 영향을 미쳤고 그 영향을 받은 건축가 또는 건축이론가가 어떻게 해석했는가에 대한 하나의 계통을 밝혀주고 있다. 아울러 이 책은 하이데거와 건축에 대한 어떤 완결된 서술이나 새로운 서술을 목표로 하고 있지 않다. 오히려 이제 막 하이데거에게 관심을 가지기 시작하는 건축학도 또는 건축가에게 앞으로의 더 많은 공부를 위해 필요한 책이다. 하이데거의 독서와 또한 이에 영향을 받은 건축가의 성과 및 문제점을 동시에 균형 있게 논하고 있기에, 철학과 이론에 관심을 갖는 (예비)건축가에게 좋은 길라잡이가 될 것이다. 이 책의 저자가 안내하는 산책길을 따라 여러 건축가의 글을 같이 읽어나가는 것 또한 좋은 공부가 될 것이다. 책을 내는 것은 배움의 결과물을 내보이는 것이지만, 번역은 배움의 시작과 그 과정의 기록이라

볼 수 있다. 이 책의 번역은 역자에게 하이데거와 건축을 공부한 공부의 기록이다. 의욕을 갖고 시작한 일이지만 돌아볼 때 마 다 두렵고 또 부족함을 뼈저리게 느끼게 된다. 하지만 완성이 아니라 과정이기 때문에 더욱 나아가는 길이 될 것이라 믿는다. 많은 질타와 격려를 부탁드린다. 한국의 건축현실에서 이론서하나를 번역하여 출판한다는 것에는 많은 고달픔이 따르는 것이 사실이다. 시공문화사 대표 이하직원 분들에게 감사드린다.

2013. 10. 이경창

차 례

서문

건축가들은 흔히, 디자인 아이디어들을 위해서나 실무를 위한 어떤 비판적 틀을 찾으려고, 철학과 이론의 사상가들에게 시선을 돌려왔다. 건축가들과 건축학생들은 사상가들의 글들을 탐색하기 위해 분투할 수 있다. 그런데 텍스트들을 그 맥락에 대한 이해가 거의 없이 접근하는 것은 무척 힘들 수 있다. 그리고 기존의 소개서들이 건축 자료들을 자세하게 탐색하는 경우가 거의 드물다. 이 최초의 시리즈는, 건축에 대해 서술한 핵심 사상가들을 분명하고, 빠르고, 정확하게 소개한다. 각각의 책은 한 사람의 사상가가 건축가들에게 마땅히 제공하고 있는 것을 요약한다. 그리고, 그들의 건축적 사고를 그들의 작업물에 위치시키고, 중요한 저서들과 에세이들을 소개하고, 용어들을 풀이하는 데 돕고, 더 읽을 참고문헌들을 신속히 제공한다. 건축에 대해 쓴 철학책과 이론서가 여러분에게 어렵다거나, 어디서 시작할지 모른다면, 이 시리즈는 필수적이다.

*건축가를 위한 사상가*Thinkers for Architects 시리즈의 책들은 건축에서 나온다. 이 책들이 추구하는 것은 건축적인 방식으로 이해하는 것으로서, 한 사람의 사상가를 건축 청중들에게 소개하는 것을 목표로 한다. 각각의 사상가는 하나의 고유하고 독특한 에토스를 지니고 있고, 각각의 책의 구조는 그러한 특징을 초점으로 삼는다. 탐색하는 사상가들은 엄청난 저자들로서, 어떠한 간단한 소개로도 그들의 작업의 일부만 거론할 수 있을 뿐이다. 각각의 저자(건축가 혹은 건축 비평가)는, 자신이 디자이너나 건축 해석자에게 가장 적실하다고 판단하는 사상가의 글들에 선택적으로 주목했다. 불가피하게 많은 것이 배제될 것이다. 이 책들은, 건축가를 위한 한 사람의 특정 사상가에 대한 마지막 말이라기보다는, 첫 번째 기준일 것이다. 이 책들이 여러분들에게 한 사람의 특정 사상가의 원 저서들을 더 탐구하게 할 하나의 자극이 되어, 더 많은 독서를 장려할 수 있길

희망한다.

*건축가를 위한 사상가*Thinkers for Architects 시리즈는 아주 성공적인 것으로 판명이 되어, 이제 일곱 권으로 늘어나, 건축디자이너, 건축비평가, 그리고 건축논평자들에게 독특하고 중요한 방식으로 영향을 미친 글들을 쓴 낯익은 문화 인물들을 다룬다. 이 시리즈가 탐색하는 사상가들은, 들뢰즈와 가타리Gilles Deleuze and Felix Guattari, 하이데거Martin Heidegger, 이리가라이Luce Irigaray, 바바Homi Bhabha, 그리고 멜로 퐁티Maurice Merleau-Ponty인데, 곧 출판될 예정으로 잡힌 제목은 벤야민Walter Benjamin과 부르디외Pierre Bourdieu를 포함한다. 이 시리즈는 계속 확장해서, 건축가에게 무언가 할 말이 있는, 점차 풍부해지는 다양성을 띤 현대 사상가들을 거론할 것이다.

아담 샤Adam Sharr는, 카디프 대학Cardiff University 웰시 건축학부 조교수, 아담 샤 건축사무소 대표, 그리고 캠브리지 대학 출판사에서 발행한 *arq: Architectural Research Quarterly*의 편집인(웨스턴과 함께)이다. 그는 『하이데거의 오두막Heidegger's Hut. MIT Press, 2006』과 『건축가를 위한 하이데거Heidegger for Architects. Routledge, 2007』의 저자, 『통제를 벗어난 특성: 건축 측정의 표준들Quality Out of Control: Standards for Measuring Architecture. Routledge, 2010』과 원시: 『건축의 근본문제들Primitive: Original Matters in Architecture. Routledge, 2006』의 공동 편집자다.

도판 목록

감사의 글

캐롤라인 알몬드, 패트릭 데블린, 마이리 맥비카와 조안 세이너는 이 책의 원고를 읽고 값진 논평을 해 주었다. 피터 블룬델-존스와 데이빗 더니는 친절하게 사진을 제공해주었다. Routledge사의 캐롤라인 말린더와 조지나 존슨은 이 책과 '건축가를 위한 사상가' 시리즈를 아낌없이 뒷받침해주었다. 나에게 흥미로운 문제제기를 했던 친구들, 학생들과 동료들에 빚을 지고 있으며 그것이 가치 있는 프로젝트를 추구할 수 있었던 이유이다.

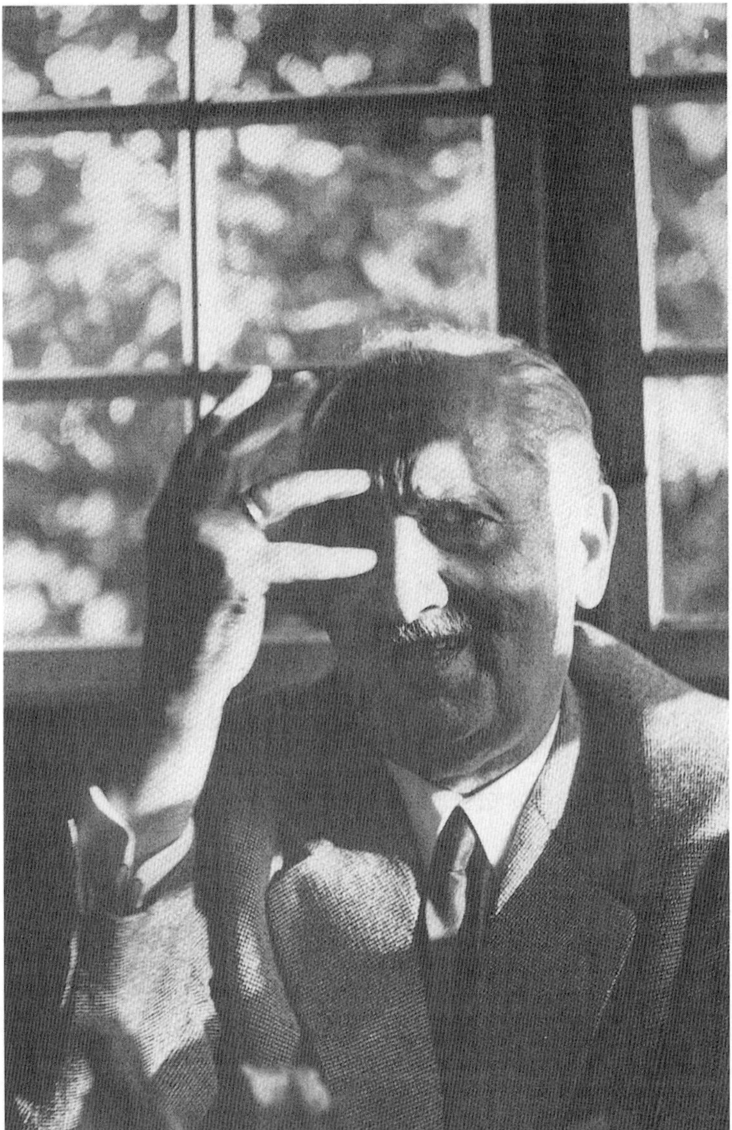

Martin Heidegger

chapter 1

서 론

특별히 건축가를 위해 글을 쓴 철학자는 몇 되지 않지만, 마틴 하이데거도 그들 중 하나다. 그는 1951년 다름슈타트Darmstadt에서 열린 학회에서 전문가들과 학자들을 모아놓고 강연을 한 바 있다. 훗날 베를린 필하모니와 독일 국립 도서관을 건축한 한스 샤로운Hans Scharoun은 친구들과 지인들에게 하이데거의 강연에 대해 열광적적으로 극찬하였다.(Blundell-Jones 1995, 136) 샤로운에게 깊은 감명을 주었던 그 강연은 이후 「건립 거주 사유」라는 에세이로 출간되었다. 오늘날까지 재출간되고 있으며 수많은 언어로 번역된 이 글은 20세기 후반기 한세대 넘게 건축가, 이론가 역사가들에게 영향을 미쳤다. 피터 줌토Peter Zumthor가 공간과 재료의 잠재력에 대해 열정적으로 이야기할 때에도, 크리스티앙 노르베르그-슐츠Christian Norberg-Schultz가 장소의 혼에 대해 썼을 때에도, 유하니 팔라스마Juhani Pallasmaa가 『건축과 감각The Eyes of Skin』을 썼을 때에도, 달리보 베셀리Dalibor Vesely가 재현의 위기를 주장할 때에도, 카스텐 해리스Karsten Harries가 건축의 윤리적 특성을 얘기할 때에도, 스티븐 홀이 건축적 경험을 자아내는 현상과 수채화에 대해 논할 때에도, 이 모든 인물들은 하이데거와 그의 거주와 장소 개념에 대해 일정한 방법으로 대응한 것이다.

하지만 하이데거에 대한 평가가 전적으로 긍정적인 것은 아니다. 그와는 거리가 멀다. 그는 아마도 혼란스러웠던 지난 세기에 영향을 미친 사람들 중에서 가장 논쟁적인 사상가로 남아 있다. 하이데거는 나치 당원이었으며 1933년 파시스트에게 권력을 안겨준 공포와 도취에 힘입어 기세당당하게 프라이부르크 대학교의 총장으로 임명되기도 했다. 이듬해 총장직을 사임하면서 나치와 손을 끊은 것인지, 아니면 평생을 나치당원으로 살았는지 그의 철학에 공감하느냐 아니냐에 따라 비평가들에게 그 사실관계조차 치열한 논쟁거리였다. 이처럼, 하이데거의 생애에 썩 좋지 않은 순간들이 있었음은 의심할 여지없이 확실하고, 이는 알려져야 하며 비판받을 건 비판받아야 한다. 그러나 저명한 건축 비평가들이 불확실한 어법으로 이 철학자를 묵살해버릴 때—리치Leach는 '하이데거를 잊어라' 는 제목의 논문을 쓴 바 있다(이는 쟝 보드리야르의 '푸코를 잊어라' 는 말에서 따온 것이다)—높은 도덕적 근거 못지않게 건축의 정치적 격전장으로 활용되기도 한다. 하이데거의 평판은 건축학계의 상아탑에서 가장 큰 관심사로 남아 있다. 분명한 것은 전원생활이나 로우테크를 낭만화한 이 철학자가 나치즘을 거치고 난 후부터는 서서히 파시스트들이 내세웠던 '피와 땅' 이라는 언술에 위험스럽게 가까워졌다는 점이다. 또한 수많은 '뛰어난' 서구 건축—그리고 건축이론—이 20세기 후반부터 하이데거의 영향을 입었다는 점도 명확하다.

그렇다면 이 논란 많은 철학자가 건축에 대해 어떻게 말했을까? 왜 그토록 많은 건축가들이 귀 기울였을까? 하이데거는 전문적인 실무의 절차나 관습에 도전했으며, 그의 기술관료적technocratic 세계에 대한 폭넓은 비판의 견지에서 건축을 바라보았다. 전후 시대 서양인들이 경제적, 기술적 통계와 관련하여 자신의 행동을 정의할 때 그는 인간 경험의 직접성을 잊어선 안 된다고 외쳤다. 그의 주장에 따르면, 사람들은 무엇보다 주변 환경에 따른 거주를 통해서, 그리고 그것과의 정서적 반응을 통해 의미를 만든다. 그런 다음에야 사람들은 과학과 기술을 통해 자신의 태도나 행동을 수량화하려고 한다. 기술자나 측량가처럼 건설 산업 분야에서는 방대한 양의 자료들을 거래하는 데 반해 건축가들의 주 임무는 인간의 경험에 있다고 말할 수 있다. 하이데거는 건물이 물리적으로 어떻게 세워지는가에 따라 사람들이 세상에서 자신의 위치를 판단한다고 생각했다. 그리고 실제로도 크든 작든 인간의 행적을 기록함으로써 건물은 모든 시공자와 거주자의 특정한 성품ethos을 드러내게 된다. 이런 식으로, 건축은 세상의 중심에 두는데 이바지한다. 건축은 인간에게 자신에 대해 물어볼 장소를 제공할 수 있다. 하이데거는 과거에는 건축이 이렇게 이해되어 왔지만 오히려 오늘날 끝없이 발전하는 기술이 이런 이해를 가로막는 장애가 되었다고 생각했다.

그래서 하이데거의 건축 모델은 인간 경험의 질에 중심을 두었다. 건물과 거주를 다시 통합해야 한다는 그의 요청은 장소만들기를 거주자의 활동과 특성에 맞춰 다시 통합해야한다는 것이다. 책과 저널에 실리는 '뛰어난' 건축이나 어떤 완성된 상품보다는 일상생활에 적합한 비전문적 건축을 찬양한다. 이런 하이데거의 생각은 전문가의 권위를 의심하고 비전문적 건물을 인정했던 1960년대와 1970년대 제인 제이콥스Jane Jacobs(1961), 버나드 루도프스키Bernard Rudofsky(1964), 크리스토퍼 알렉산더Christopher Alexander(1977a, 1977b)같은 건축이론가들의 저서와 부합한다. 건축 실무자들은 자신들이 몸담고 있는 산업을 중시하는 사구 사회의 분위기에 맞선 하이데거의 도전을 높게 평가하였다. 건축 학자들은 하이데거의 글을 통해 건설 활동과 그 기원, 그리고 그 재현에 대해 생신적인 이야기와 이미지를 다룰 수 있었다.

간략한 개관에 불과하지만, 이미 하이데거의 수사가 지닌 두드러진 특징이 나타난다. 특유의 도덕성과, 인간 현전과 거주의 가치를 고양하는 점, 말로 표현하기 힘든 신비주의, 노스탤지어를 향한 경향, 사회와 기술의 한계를 집중 조명하는 것이 그것이다. 이런 수사에는 영웅과 악당이 명확하다. 영웅은 시골 생활을 하는 사람들로 그들은 자신의 신체와 감정을 잘 조율하며 과거를 낭만적으로 여긴다. 악당은 수학적 수량화에 능통한 통계전문가와 기술전문가인데, 이들은 법적인 권력을 통해 일상의 활동을 평가하며 유행에 민감한 세련된 도시인이다. 여기에 이미 하이데거 사상의 위험성은 분명하다. 사람을 수용하고 배제하는 낭만적 신화에 빠질 가능성과 상식에 관한 고도의 지적 논쟁에 대해 회의적인 태도는 전체주의로 전환될 수 있다. 검증되지 않았지만, 그런 생각은 최소한 짧은 기간 1930년대 하이데거가 속했던 파시스트적 수사로 이어질 수 있다.

하이데거의 업적과 논란을 떼어서 볼 순 없다. 하지만 논란이 낳는 결과물은 바람직하지 못하다. 이 책은 건축가가 건축가를 위해 쓴 건축가의 책이다. 철학자의 글을 다루지만 이 책은 새로운 철학적 통찰을 주장하거나 철학적 문제를 해결하리라 희망하지 않는다. 오히려 그런 문제에 대한 건축가의 주의를 이끌어내려고 하며 디자인 스튜디오의 활동에 가장 밀접한 측면을 강조할 것이다. 하이데거가 나치즘에 연루되었기 때문에 그의 저서가 무의미하다고 보는 사람들이 있다. 그들에게 이 책은 가장 무의미한 일이 될 것이며 나쁜 사람과 그의 논란 많은 글에 잘못된 연관을 가지는 일이 된다. 나는 이런 주장을 잘 알고 있으며 공감하고 있다. 하지만 하이데거가 전후 시대에 전문적인 건축실무와 사고에 지대한 영향을 미친 것을 부인하는 것 또한 어리석은 일이다. 많은 영향력 있는 전문가들과 학자들이 그의 저서를 연구했으며 그가 미친 영향력은 지금도 계속되고 있다. 이런 이유로 그의 주장을 기억하고 평가하는 일은 중요하다. 이 책에서 나의 의도는 이 철학자의 글을 여러분 스스로 접할 수 있게 돕는 것이다. 내가 할 수 있는 조언은 여러분이 자신만의 비판적 시각을 가지길 경고하는 것이다. 어떤 건축가는 좋은 디자인 아이디어를 떠올리기도 할 테고 또 어떤 학자들은 깊이 있는 시각을 발견할 수도 있으며, 누군가는 근본적인 어려움에 부딪히기도 한다.

이 책은 1951년 처음 출판된 하이데거의 「건립 거주 사유」와 아울러 그의 생각을 잘 보여줄 동 시대 두 가지 글, 「사물들」(1951)과 「...시적으로, 인간은 거주한다...」(1951)에 초점을 맞춘다. 어떤 철학자는 여기에 초점을 맞추는 것에 난감해 할 것이다. 생애 많은 부분 동안 하이데거는 확신뿐 아니라 장난스럽게 의도적으로 반 아카데미적 경향을 내 보였으며 아카데미의 학술적 대화보다 직관의 우위를 주장하곤 했다.(Safranski 1998, 128-129) 1950년에서 1951년 사이의 이 에세이들은 현학적인 철학에서 가장 멀리 벗어난 행보를 나타내며, 걸러지지 않은 감정으로 가장 격렬한 수사를 선보였다. 이 시절의 하이데거 저서는 철학자들이 가장 잘 인용하지 않는다. 하지만, 하이데거가 다른 시기에도 건축에 대한 글을 썼지만—대표적으로 1935년 『예술작품의 기원』(영어로 1971년 번역되었다)이나 1927년 『존재와 시간』(1962년 영역), 1971년 『예술과 공간』(1973년 영역)이 있다—1950년에서 1951년 사이에 쓴 세 에세이는 직접적인 경험의 권위를 가장 단도직입적으로 주장하였으며, 이 때문에 그의 글에서 가장 건축적이라고 말할 수 있다.

서론 이후 이 책은 하이데거의 사상 몇 가지를 소개하는 산행으로 시작할 것이며 이에 대해 다음 장에서 더 폭넓게 언급할 것이다. 그리고 하이데거의 에세이를 논하기에 앞서 간단한 전기를 소개한다. 나의 의견은 각 텍스트의 구조에 따라 구성될 것이며 다른 자료에 대한 소개가 덧붙여진다. 이런 접근은 좋든 나쁘든 하이데거의 수사적 전략과 그의 특유의 순환 논법을 유지할 것이다. 여러분이 바란다면, 이 책을 따라 하이데거의 책을 읽을 수 있을 것이다. 세 에세이 모두 '시, 언어, 사유' 라는 제목으로 1971년 처음 영어로 번역되어 현재 볼 수 있으며 여기에 언급된 책은 그 책의 페이지를 따르고 있다.[1] 이 책의 마지막 장은 건축가들과 건축 이론가들이 어떻게 하이데거의 사유를 해석해왔는지 모색한다. 특히, 피터 줌토의 스위스 발스 온천을 예로 들어 살펴볼 것이다.

1) 역주—국내에는 이기상, 신상희, 박찬국 옮김, 『강연과 논문』, 이학사, 1996년에 번역되었다.

chapter 2

산 행

하이데거는 1922년 토트나우베르크 근방의 검은 숲에 지은 오두막에서 은둔 생활을 하곤 했다. 그는 나이가 들어갈수록 이런 주변 환경을 통해 철학적인 사고를 하게 되었다. 숲을 거니는 것은 글을 쓰는데 중요한 역할을 했고, 적어도 한번은 스키 강연을 할 정도였다. 그는 사색은 숲길을 따라 걷는 것과 같다고 말했다. 에세이의 책이름을 『숲길Holzwege』이라고 붙인 바 있으며 보행자들을 도와주는 나무 푯말에서 따서 『이정표 Wegmarken』라는 책을 내기도 했다. 이를 염두에 두고 나는 건축과 관련된 하이데거의 생각과 여러 난점을 소개하는 산책길로 여러분을 안내하고자 한다.

하이데거는 자신이 사랑했던 검은 숲의 길을 따라 걸었지만, 우리는 영국 북서부 호수 지방을 걷게 될 것이다. 우리는 여름날 시끌벅적한 케즈윅의 한 작은 가게에서 시작한다. 그곳의 도로나 상점, 술집, 다실 등은 외출을 즐기려는 관광객들로 붐빈다. 여행 온 사람들은 버스를 타고 도착했으며, 주차를 하는데 까지 얼마나 시간이 걸렸는지 불평을 애써 잊으려하고 있다. 마을을 둘러싸는 언덕과 근처에 더웬트워터 호수가 배경을 이루고 있지만 유쾌함에 취해 뒷전으로 밀려나 있다. 지평선위 고요한 언덕과 스키도우 산의 뿌연 형체를 향해 마을을 벗어날수록 길은 점차 덜 붐비고, 발걸음이 우리를 차분하게 만들며 경쾌한 느낌을 준다. 우리는 주도로에서 샛길로 빠져나왔다. 차로는 점차 사라지고 길만 남았다. 10분쯤 후에 마을은 먼 세상처럼 느껴졌다. 우리는 30분간 언덕을 제법 힘들게 올라야 해서 달라지는 주변풍경은 눈에 들어오지도 않을 지경이었다. 하지만 꽉 차 있는 작은 주차장에 다다랐을 때에는 우리는 그 풍경에 빨리 적응을 해야 했는데 타맥 포장도로로 만들어진 이 전초지는 마치 외계인이 침략한 것처럼 보였기 때문이다. 우리는 다른 등산객들이 걷는 스키도우Skiddaw 산으로 오르는 주 등산로를 따르지 않고 황량한 산 계곡 아래로 완만히 경사진 작은 길을 택했다. 여기서 우리는 케즈윅과 주차장, 정상으로 향하는 등산객을 잠시나마 마지막으로 볼 수 있었다. 남들과 떨어진 우리는 더 집중해야 했다. 우리의 감각이 더 예민해졌지만, 곧 우리는 시름을 잊을 수 있었다. 새소리와 인접한 개울의 물소리가 점점 커지고 빠르게 흘러가는 구름들 때문에 생기는 그림자들이 우리의 시선을 사로잡았기 때문이다. 우리는 땅에 투영된 우리의 그림자를 인식하고 우리 몸의 움직임과 감각의 자극을 더 잘 인지하게 되었다.

하이데거는 특히 서구 사회에서 일상생활의 여러 면들이 인간 존재의 '적절한' 우선성에 집중을 방해하는데 기여했다고 생각했다. 그는 많은 사람들이 많은 시간동안 그 점을 놓치고 있다고 생각했다. 하이데거는 왜 우리가 여기에 존재하는지 이에 대해 답할 수 있는 부모는 없을 것이다—아니면, 하이데거가 좋아했던 라이프니츠Leibnitz의 정리에 왜 무란 없는 것인지를 물으며 인간 '존재' 에 매료되어 있었다. 그에게, 인간의 존재라는 사실은 진부한 것으로 치부되어선 안 되며 모든 존재의 풍부함과 다양함속에 삶의 중심으로 축복받아야 한다고 주장했다. 모든 인간의 활동은 지적인 것에서 일상적인 것에 이르기까지 항상 존재의 핵심적 문제를 생각해야 한다. 여기에서 권위를 이끌어내는 것이며 철학적으로 탐구되어야 한다. 그러나 하이데거에게, 많은 사람들은 일상생활에 빠져 더 크고 더 어려운 문제를 잊어버리고 있다. 케즈윅에서 주차문제를 걱정하거나 다실에 자리가 있을까를 걱정하는 것은 철학자가 보기엔 너무 편안한 산만함이며, 일종의 직업병으로 사람들이 존재의 생생한 사실에 대한 어려운 문제들과 그 질문의 함축적 의미에 직면하길 회피하게 만든다.

하이데거에게 올바른 사고는 존재라는 사실과 그 흔적에 맞추는 것이었다. 자신의 그림자나, 언덕의 윤곽이나 새와 개울소리처럼 이런 흔적은 우리의 기적 같은 현전을 상기시켜주며 세상이 얼마나 아름다운 곳인가를 알려준다. 그는 사람들이 이런 것에 집중할 때 우리 존재에 대해 스스로 깨닫는 것이고 비로소 여유를 찾게 되는 것이라고 생각했다. 그런 순간은 사람들을 스스로 더 큰 그림 속에, 삶보다 더 긴 시간 속에 위치하게 하며, 사소한 것에서 적당한 거리를 두게 한다. 하이데거는 엄격한 사유를 적절한 수사로 꾸미는 데 익숙했다. 그는 주변 세상의 진실을 세밀하게 듣고 보는 데에는 수양을 통한 열린 마음이 필수적이라고 보았다. 이렇게 생각하는 것은 어려워 보이지만 혼자 있을 때 가장 잘 할 수 있는 것이다. 하이데거는 학자들 사이에 철학의 모델로 추앙받는 소크라테스적 대화법을 그다지 지지 하지 않았다.

우리는 계속해서 스키도우 산과 블렌카드라 산 사이의 계곡을 천천히 올라갔다. 몇 안 되던 빠르게 지나가는 구름은 점점 파란 하늘을 가리며 검게 드리운 망토처럼 두터워졌다. 다른 생명체가 보이지 않고 새와 양들이 지나간 흔적만 남았다. 정면의 먼 언덕은 안개로 덮이기 시작했다. 우리는 이 안개가 곧 비가 될 것이며 계곡을 따라 우리에게 향하고 있음을 알아 차렸다. 하늘이 어두워지고 금세라도 이 비는 심각한 폭우로 변할 것만 같다. 우리는 바로 비옷으로 갈아입었다. 순간 우리는 이 산행의 호젓함이 처음 생각했던 것처럼 그리 호락호락하지 않다는 것을 깨달았다. 우리는 폭우 속에 갇혀 마치 집에서 멀리 떨어진 낯설음을 느끼고 있었던 것이다. 굵은 비가 쏟아지기 시작했으며 그저 우리는 자제력을 잃지 않길 바랄 뿐이다.

엄격함을 갈망하였던 하이데거는 현대인의 삶에서 존재가 고도의 감정의 순간을 통해 가장 크게 공명한다는 것을 발견하였다. 안개나 비속에 산비탈에서 글을 잃어본 사람은 그것이 자아내는 공포를 알 수 있을 것이다. 폭풍우에 직면하여 인간의 무력함은 날카롭게 조명된다. 바다에서 폭풍이나 지진 또는 홍수 역시 동일한 느낌을 준다. 하이데거에게, 사랑에 빠지거나 누군가의 죽음에 임박하여 느끼는 감정의 강렬함은 개인이 얼마나 무기력한지를 여실히 보여주는 것이다. 그것은 모든 인간이 삶과 죽음, 존재와 무의 긴급함에 얼마나 가까이 있는가를 보여준다. 일상생활에 우리가 심취에 있는 것과 우리가 통제해온 과학과 기술적 보조 시스템은 이와 같은 상황에서 도움이 되거나 편안하게 해주지 못한다. 우리의 존재는 좋든 싫든 우리의 관심사에 핵심적이며, 우리가 좋아하는 오락 활동은 부차적일 뿐이다. 존재와 그 대안은 계속해서 우리에게 경외심을 갖게 한다. 하이데거의 사유에 따르면, 계속된 현전과 존재의 잠재력을 잊을 때 우리는 자제력을 잃어버린다.

비가 쏟아져 땅에 튀기며 비옷을 적시는 것이 겁나지만 폭풍은 우리가 두려워할 것이 아니다. 폭풍이 빠르게 지나가고 하늘은 맑아지며 우리는 안도의 한숨을 내쉬게 된다. 다시 걷기 시작하자 봉우리는 다시 나타나며 계곡이 펼쳐지고 바람막이 나무에 둘러싸인 먼 집이 보인다. 가파른 지붕을 가진 길고 낮은 건물이 남향의 비탈길에 자리 잡고 정면에 외부로 돌출된 테라스를 가지고 있다. 평범한 크기의 유리창과 문이 두 줄로 줄지어 있으며 주변에는 봉우리가 압도하고 있다. 다가갈수록 언덕의 돌에서 나온 돌로 만든 벽체가 분명해진다. 이 집에는 길도 명확하지 않으며 서비스 시설로 연결된 통로도 없다. 단지 이 계곡에 사람이 살고 있다는 표시일 뿐이다. 가장 가까운 이웃과도 멀리 떨어져있으며 그 위로 한참을 올라가야 한다. 더 가까이 가보니 스키도우 유스호스텔이라는 간판이 있어 최근까지 그 용도로 사용되었지만 지금은 건물이 사용되지 않고 방치되고 있음을 알 수 있다.

하이데거는 존재의 권위가 매일의 일상생활을 덮고 있는 것처럼 건물 역시 그러하다고 생각했다. 건물은 인간 존재를 자리매김한다. 그는 건물이 인간 현전 주위로 설립되며 인간에 의해 변경되지만 또한 시간이 지남에 따라 건물이 인간의 현전 활동을 변경한다고 믿었다. 게다가, 건물은 거주자의 필요에 따라 지어지고 그들이 사는 방식에 따라 변경되고 재구성되지만 반대로 거주자의 삶은 건물에 의해 변경된다. 그에게는 건물이라는 바로 그 사실은 또한 인간의 현전을 대표한다. 하이데거에게, 건물은 장소와 거주자의 특성에 따라 지어지며, 물리적 그리고 인간적 지형에 의해 형성된다. 아울러 돌이나 목재 금속 같은 땅에서 나는 부산물을 통해 지어진다. 하이데거에게 건물은 추상적 대상이라기보다는 개인에게 속하는 것이다. 그리고 건물의 형태는 개개인의 품성ethos을 대변할 수 있다고 생각했다. 건축물의 디테일은 인간의 영감과 이상으로 읽을 수 있다. 게다가 건물의 형상은 현존과 부재를 다루고 있는데, 거주하기의 현존을 드러내 보일 뿐 아니라 부재를 드러낼 수도 있다.

하이데거의 사고방식을 따라 생각해보면 스키도우 하우스 호스텔은 계곡에 사는 인간의 삶이 자리 잡고 있으며, 그곳에 있는 인간의 현전을 대표한다. 건물은 첫 번째 거주자의 필요에 따라 지어진다. 그 다음에 건물은 그들의 삶을 형성하고 사람은 일상적 거주를 통해 계속해서 건물을 형태 짓는다. 건물을 짓는 재료들은 대부분 주변에서 가져왔다. 집의 건설은 이용 가능한 재료의 한계 내에서 결정된다. 건물은 그 지역의 일기에도 영향을 받는다. 남향으로 채광을 최대화하고 추운 북향을 피하기 위해 기슭에 건물을 짓는다. 경사진 지붕은 빗물이나 눈이 쌓이지 않게 하기 위함이다. 장식 없는 창문은 뒤편 방의 채광과 환기를 위해 낸 것이다. 그래서 스키도우 하우스는 사람과 장소, 주변에서 구한 재료를 관계 맺으며 주변 세상을 이해하는 하나의 방식을 알려주는 것으로 해석될 수 있다. 이것에 하이데거는 공감하였다. 그러나 그 건물이 유스 호스텔로 사용되고 이후 폐쇄된 것은 이 장소에서 삶의 방식과 그 이해방식이 변했음을 말해주는 것이기도 하다. 그 집은 더 유지될 수 없었다. 사람들이 더 이상 그곳에 살고 싶어 하지 않거나 서구 생활의 안락함에서 동떨어져 스키도우에 머물길 원하지 않았기 때문이거나 유지비가 너무 비쌌기 때문일 수도 있다. 하이데거가 옹호했던 것처럼 동시에 그 집은 하나의 품성ethos을 나타낼 수 있으며 현재는 그것이 사라졌음을 나타낼 수도 있다. 이제 반쯤 버려진 그 집은 과거의 파편이다.

우리는 다른 길로 돌아가야겠다는 생각으로 다시 발걸음을 옮긴다. 계곡의 반대편으로 나있는 길은 풀이 무성하고 돌바닥이라 조심해야하며 새로운 길을 찾는 것이 쉽지 않다. 양들이 남긴 흔적이 많이 있어 우리가 찾는 길을 있는지 멈추어 살펴보아야 한다. 우리는 우연히 이 양떼가 남긴 흔적중 하나를 선택하였지만 이 길은 갈수록 점점 좁아져서 우리는 시작했던 길로 다시 돌아와야 했다. 개울에 널빤지를 놓은 두 번째 길에 이르러서 비로소 바른 길로 들어섰음을 알 수 있었다.

이 책에서 개관했던 건축에 관한 하이데거의 세 가지 에세이에서 하이데거는 사유는 *숲길Holzweg* 즉, 검은 숲속 나무꾼의 길을 따라 걷는 것과 같다고 말했다. 그는 이런 비유를 많이 했다. 나무꾼의 길은 울창한 나무들에 둘러싸여 방향을 잃기 쉬우며, 멀리 내다볼 수도 없다. 하이데거는 산행하는 사람이 믿음을 갖고 길을 걷는다면 반드시 어디로든 인도해줄 것이라고 생각했다. 하지만 걷거나 생각할 때 자신이 올바른 길을 가고 있는지 확신을 갖는 것은 어려운 일이다. 길은 막다른 길로 인도 할 수도 있고 아니면 빙빙 돌 수도 있다. 가끔 잘 도착하면 넓고 멋진 경치를 볼 수 있다. 하이데거에게 사유란 누군가 이전에 지나가면 땅에 남긴 여러 흔적을 따라 가는 것이다. 가장 확신이 드는 길을 따라 돌아가고 가끔은 가다가 길을 잃거나 올바른 곳을 찾기도 하면서 숲에서 분명하다고 보이는 방향을 찾는 것이다. 이런 모델에서 사유는 출발점에 맴도는 일과 도달하는 길을 찾는 것에 열려있다. 이는 조직된 시스템이나 논리적인 절차를 밟지 않는다. 하이데거에게 사유를 조직화하려는 것은 논리로 추상화하거나 과정으로 수량화하는 것인데 이는 잘못된 환원이었다. 사유하는 것은 사유하는 자를 놀라게 할 잠재력을 가진 영감의 격발을 포함한다. 사유는 선물을 받았을 때처럼 명료함의 순간이 일어나며 그 기원은 궁극적으로 신비한 채로 남아 있다. 하이데거에게 사유의 첫 번째 목표인 존재는 시스템으로 쉽게 요약되거나 가둘 수 없다. 하이데거는 겸손했다. 그가 찾은 존재의 권위를 증시시키는 신비스러운 사유의 방법은 경건하며, 과학과 기술을 기반으로 하는 조직화하려는 충동과는 상반된다. 그에게 사유의 권위는 각 개인의 독특한 판단의 가치에서 유래한다.

사람들의 일상생활을 가리키는 신호들이 다시 보이기 시작한다. 계곡을 나와 내려가기 시작하면서 처음에는 스키도우를 내려오는 다른 등산객이 보이고 그 다음에는 산허리에 집들이 눈에 들어오며 마침내 조금 떨어져 있는 주요도로가 보인다. 우리는 그쪽으로 방향을 틀어 강을 따라 내려왔으며 맛있는 식사를 기대하면서 케즈윅으로 향했다.

하이데거는 철학적 영향을 주었던 산에서 생활에 대해 '저기 위에서'로 적었다. 이 말은 물리적 높이를 가리킬 뿐 아니라 도적적 권위를 지칭한다. 특히 존재에 대한 특권화된 접근으로 인식했던 산의 자연스러운 리듬과 생생한 현전에 권위를 부여하면서 이런 풍경에서 발견했던 교훈이 점차 서구 세계의 많은 삶들에서 사라지고 있음을 강조했다. 우리 자신의 현전을 인식하는 순간은 종종 우리를 우리의 감각, 감정과 자연의 현상에 의해 절실하게 다가오는 것인데 하이데거는 이것이 이제 드문 일이 되어 버렸다고 주장했다. 그는 우리가 우리 삶보다 더 길고 더 넓은 맥락에서 우리 존재를 평가할 능력을 잃어버리고 있다고 생각했다. 하이데거의 이런 존재의 풍경에 대한 특별한 권위 부여는 낭만주의적 경향으로 알려져 있다.

우리가 산책하고 있는 영국의 호수 지방은 낭만주의의 완벽한 본보기를 보여준다. 형이상학적 시인 윌리엄 워즈워드, 풍경화가 J.M.W. 터너를 포함하여 유명한 낭만주의자들이 경배해왔다. 하나의 경향으로서 낭만주의는 자연의 힘에 대한 경외감과 인간사에 대한 자연의 초월성을 통한 자기성찰, 감성과 감각을 특징으로 한다. 그런 특성은 거주와 장소에 대한 하이데거의 저서에 영향을 미쳤다. 낭만주의를 순진한 낙관주의와 책임의 포기라고 비판하는 사람도 있다. 그들이 보기에는, 낭만주의자들은 고독한 시 작업에 강하게 도취되어 인간의 해악과 인간을 둘러싼 난관을 인식하지 못한다. 영국에서는 워즈워드와 터너의 유산뿐 아니라 존 러스

킨과 윌리엄 브레이크, 윌리엄 모리스 때문에 낭만주의는 순결함을 유지하고 있다. 낭만주의는 무명의 몽상가들의 영역이 되었으며, 보이 스카우트나 도보여행자 협회와 유스 호스텔 연합에 의해 제도화된 야외 활동으로 나타난다. 그러나 독일에서 낭만주의는 보다 까다롭다. 나치즘은 '피와 땅(Blunt und Boden)' 같이 낭만주의적인 것과 연결될 수 있는 수사를 많이 사용하였다. 그리고 독일 낭만주의의 영웅들은 앞서 나치가 지배했던 기간 전후로 하이데거의 글에서 많이 나타난다. 많은 이들이 하이데거의 낭만주의 경향을 그의 철학에서 가장 위험한 측면중 하나로 본다. 그들의 지역성을 존중하는 사람들과 귀속의 의미를 축복하는 사람들이 있는 반면, 다른 이들은 귀속되지 않는 것으로 배제될 수 있다. 그리고 여기에는 인종차별주의와 박해의 씨앗이 있다. 낭만주의자가 땅을 사물화 할 때 추한 사물은 땅의 이름으로 배제될 수 있는 것이다.

하이데거는 여행객을 못마땅해 했는데, 그들은 여러 곳을 찾아다닐 뿐 제대로 보지 못한다고 생각했다. 그들은 덧없이 풍경에 둘러싸여 철학자가 그곳에서 발견했던 존재의 살아있는 흔적을 인식할 수 없다고 생각했다. 하이데거는 진정성에 이르는 확실한 삶의 방식을 열렬히 옹호했으나 나머지 것은 비진정한 것으로 몰아버렸다. 아래에서 다시 다루겠지만, 많은 비평가들 특히 테오도르 아도르노가 제기한 비평에 따르면, 이런 진정성에 대한 주장은 하이데거 저서의 가장 도전적인 측면 중 하나였다. 진정성에 대한 주장은 존재의 단서를 평가할 수 있는, 잘 아는 전문가cognoscenti와 보는 법에 대해 알지 못하거나 가르침을 받은 적이 없는 사람들을 구별한다. 아도르노와 여타 사람들이 보기에, 특히 문화적으로 특수하게 전용되는 독일의 경우 진정성은 분열적이고 잠재적으로 배타적이기 때문에 위험하다. 여기에 다시 한 번 인종차별주의의 조짐이 있다.

이번 산행이 여러분을 여행자로 만들지, 하이데거주의자로 만들지, 산의 경치가 지닌 진정성에 대한 찬성하게 될지 비판하는 입장이 될지 모르지만 이번 산행을 통해 앞으로 이 책에서 다룰 여러 개념을 소개했다. 존재의 개념, 건물과 거주의 개념, 과학과 기술의 개념, 시스템과 신비주의의 개념, 현전과 부재의 개념, 진정성과 배제의 개념 등 이런 주제들은 「사물」, 「건물 거주 사유」 그리고 「...시적으로, 인간은 거주한다...」에 드러나 있다. 그러나 우리가 이 글을 본격적으로 살펴보기 전에 또 한 번의 전환이 필요하다.

chapter 3

하이데거의 장소

하이데거의 삶은 그가 살고 글을 썼던 장소에 따라 특징을 나눌 수 있다. 철학자의 젊은 시절은 독일 남부 지방, 메스키르히Messkirch의 작은 마을이 주된 활동장소였다. 1889년 그곳에서 그는 태어났다. 하이데거의 아버지는 마을 교회에서 일하는 교회지기였다. 아버지의 직업은 많은 부분 가족의 삶을 결정했다. 1895년에 그들은 교회에 딸린 집으로 이사했다.(Safranski 1997, 1-16) 그 집은 교회에 딸려 있고 마을 광장 사이에 있어서 어린 하이데거의 놀이터가 되었다. 하이데거는 성가대원과 종치는 일에 자원하기도 했으며 시계와 카톨릭 달력에 따라 규칙적으로 생활이 이루어졌다. 교회도 장학금으로 하이데거의 교육을 지원했다. 그는 사제 교육을 받기 위해 처음에는 콘스탄츠로 그 다음은 프라이부르크Freibrug-im-Breisgau 지방의 학교를 다녔다. 하이데거는 학교에서 그리고 방학동안

하이데거의 어린 시절의 놀이터였던 메스키르히의 교회 마당. 그의 부모님은 사진의 왼편 주택에 살았고 오른편은 교회다.

메스키르히 인근의 교외길, 이곳에서 하이데거는 어릴적 철학적 사유와 시름하기 시작했다고 이야기한다. 뒤에 마을이 길 너머에 보인다.

메스키르히로 돌아와 긴 시골길을 걸으며 어린 시절 신학적 그리고 철학적 문제와 씨름하기 시작했다.(Heidegger 1981b) 훗날 거주와 장소에 관한 글을 썼을 때 장소, 길과 에토스의 간결한 질서를 선호했던 것도 놀라운 일은 아닐 것이다. 그리고 그는 자연의 움직임 속에서 사유에 적합한 방법을 계속해서 모색하였다.

하이데거는 17살의 나이에 잠깐 예수회 성직에 들어갔으나 그곳이랑 맞질 않았다. 대신 그는 프라이브루크에 있는 알버트 루드비히 대학에 신학과 철학을 전공하는 학문의 길로 전환하였다. 1907년 메스키르히 소교구의 한 사제는 하이데거에게 프란츠 브렌타노의 『아리스토텔레스의 존재의 다양한 의미에 관하여』라는 책을 선물하였고 이는 하이데거의 오랜 삶 동안 존재라는 주제에 관심을 기울인 계기가 된다.(Otto 1993, 51) 에드문트 훗설을 가르친 브렌타노를 통하여 하이데거는 훗설의 책 『논리적 연구』에 매료되었다. 하이데거의 1915년 신비적 신학적 둔스 스코투스Duns Scotus에 관해 쓴 교수자격논문이후, 훗설은 프라이부르크에서 철학 교수가 되었으며 두 사람은 친분을 나누게 되었다.

하이데거는 프러시아에서 출생의 루터 개신교도인 엘프리데 피트리 Elfride Petri와 1917년 결혼했다. 당시에 그는 프라이부르크 대학에서 보조 교사로 재직하고 있었으며 곧 훗설의 조교가 되었다. 테오도르 키시엘 Theodor Kisiel은 『하이데거의 존재와 시간의 기원』에서 하이데거는 당시에 훗설, 아리스토텔레스, 아우구스티누스, 딜타이, 칸트, 키에르케고르와 루터의 책을 읽으며 독특한 철학적 입장을 만들기 시작하였다고 말한다.(1993, 452-458) 이런 연구는 종교 철학과 천주교의 실무를 거부하게 된 계기가 되었으며 어린 시절을 규정했던 가장 오랜 친구이자 신념 체계를 벗어나게 되었다. 이런 결정은 교회의 보조금에 의지하던 생활이 끝나고 개신교 배경의 새 아내와 연관이 있을 것이며 또한 개신교 학술 엘리트들과 어울리며 영감을 받은 것도 하나의 이유가 될 것이다.(Ott 1993, 106-121)

친구이자 멘토인 훗설을 보조하면서 이제 젊은 철학자는 1923년부터 마르부르크 대학에서 교수로 임명되었다. 그와 가족(1918년과 1920년에 두 아들이 태어났다)은 그 도시로 옮겨갔지만 그 도시를 좋아하진 않았다. 틈만 나면 프라이부르크에서 약 20킬로미터 떨어진 토트나우베르그에 몇 달 전 지은 산장으로 갔다. 하이데거는 이 작은 집과 풍경에 신이 준 선물로 생각하였으며 50년 넘게 그의 삶과 사유에서 점점 크게 그려졌다.(Sharr 2006) 그는 1934년 어떻게 철학이 그곳에서 자신을 감수성이 풍부한 대필자로 발견했는지에 대해 말한 바 있다.(Heidegger 1981a) 산에서 하이데거는 글을 쓰고 장작을 패거나, 먹고 자며, 산책과 스키를 타는 등 일상생활을 하였으며 메스키르히에서 어린 시절에 그런 것처럼 집중하고 질서 잡힌 생활 방식을 영위하였다.

그는 마르부르크와 그곳의 아카데미 모임을 싫어했지만, 하이데거는 젊은 교수로서 그곳에서 두드러진 인물이었다.(Löwith 1994, 29-30; Gadamer 1994, 114-116) 체형이 왜소하고, 강한 종교적 억양으로 말하며 농부처럼 옷차림을 한 그의 강렬한 강의 스타일은 그의 청중들을 매

토트나우베르크의 산장. 이곳은 그의 삶과 사유의 중심이 되는 곳이다.

혹시켰다. 그의 수사학적 질문을 담고 있는 순환적 질문 방식도 큰 효과가 있었다. 하이데거의 명성은 학생들 사이에 들불처럼 퍼졌으며 놀랍게도 그 둘 중에는 정치 철학으로 유명한(그리고 하이데거와 나누었던 사랑은 이제 더 많이 회자되고 있는) 한나 아렌트, 현상학에 대한 저서로 유명한 한스-게오르그 가다머와 마르크스주의 철학으로 유명한 허버트 마르쿠제를 포함하여 이후 철학자의 경력을 이어갔던 많은 이들이 있었다.(Wolin 2001)

하이데거가 마르부르크에서 1928년 프라이부르크로 복귀한 것은 훗설의 은퇴이후 그를 이어 철학에서 가장 유명한 교수중 하나로 받아들여졌기 때문이었다. 이런 직책은 여전히 가장 유명한 책, 『존재와 시간』의 영향력에 따라 확실해졌으며 전년도에 미완성인 채로 출간된 바 있다. 도시 외곽 체링겐Zähringen에 철학자와 가족이 살 교외주택이 지어졌지만 그는 토드나우베르크 산장에 은거생활을 계속했다. 『존재와 시간』이 국제적으로 호평을 받은 탓에 하이데거는 1930년대 초반까지 유명한 지식인중 하나였다. 1933년 3월 나치가 권력을 잡았을 때 극심한 정치적 격변속에서 그는 프라이브르크 대학교의 총장이 되었다. 거의 동시에 그는 나치 당원이 되었으며 공공성을 극대화하는 시간 일정을 보냈으며 나치의 학술 정책을 시행하는데 도움을 줬다. 그는 자신의 독특한 철학적 어휘를 파시스트 선전과 혼합한 연설을 하였다.(Heidegger 1992) 그 철학자는 소문에 의하면 그 정권에 환멸을 느껴 1934년 3월 총장직을 사직했으며 연구와 가르치는 일로 돌아갔다. 하이데거는 대학에 대한 자신의 야망—자신의 철학에 따라 재조직하고자 했던 것으로 보인다—이 좌절되었다고 말했다. 하지만 그는 훗설을 포함한 유태인 학회에 '인종적' 인 침해를 가한 것을 비롯하여 당시 여러 나치의 정책에 부역했다. 하이데거의 전후 변명에 따르면(1985), 그는 히틀러 치하에서 매우 조용한 저항을 했다고 한다. 그는 프리드리히 니체의 철학과 프리드리히 횔더린의 글을 연구했으며 두 사람 모두 나치 수사학에서 중요한 인물들이었다. 1946년 대학은 그를 나치 정권에 부역한 사람으로 평가하며 그의 가르침 또한 당시의 환경에 '자유롭지 못하다' 고 판결하였다.(Ott 1993, 309-351) 결과적으로, 그 철학자는 강제로 퇴임하였으며, 연금은 받되 다른 통보가 있기까지 강의는 금지되었다.

1930년대 초반과 1950년대 사이에 몇 가지 점에서 하이데거 저서의 '전환' 에 대해 글을 쓴 사람들도 있다.(Hoy 1993) 이 전환의 시기는 하이데거에 대해 공감하거나 그렇지 않은 비평가들에게 철학적 성과만큼 많은 문제로 나타난다. 왜냐하면 그것은 나치즘에 대한 그의 환멸과 부합하기 때문이다. 하이데거의 후기 저서는 첫 번째 원리에서 그가 생각했던 것을 끌어왔다. 그는 신비적 신학자를 새롭게 연구하였으며 특히 횔더린, 릴케와 트라클의 독일 시의 철학적 잠재력에 점점 관심을 가졌다. 그는 또한 가장 초기의 철학자들을 살펴보았다. 소크라테스 이전의 인물들과 동양 전통에서 원천을 보다 널리 조사하였다.(May 1996)

하이데거 추종자들의 탄원에 따라 대학 평의회는 하이데거의 강의 금지를 1950년에 해금하였다. 그는 1951년 명예 교수직을 받았으며 그의 강의에 대한 의심은 형식적으로 사라졌다.(Ott 1993, 309-371)

하이데거는 그 이후 글을 쓰고 가끔 강의를 하였으며, 계속해서 자신의 산장에서 시간을 보냈다. 생애 마지막 해까지 그는 메스키르히를 규칙적으로 방문하였으며 때로는 그곳 교회에 참석해 성가대 낡은 자리에 앉아 예배를 드리곤 했다.

철학자는 1976년 5월 26일 사망하였다. 그의 요구대로 그는 메스키르히에 있는 교회 공동묘지에 묻혔다. 철학자는 다른 무덤에서 볼 수 있는 십자가 대신 별을 비석 끝에 새겨달라고 요청하였는데 그것은 토타나우베르크 산장 근방의 우물위에 새겨진 별을 본 딴 것이다. 검은 숲에서 온 나뭇가지와 그의 오두막 서재 창 밖에 걸려있던 풍경이 함께 묻혔다. 이런 마지막 요구는 어린 시절의 질서와의 화해라기보다는 그의 산 생활의 질서 속에 발견했던 철학에 대한 전념을 뜻하는 것으로 보인다.

삶의 막바지인 1969년 르 토르Le Thor에서 열린 세미나에서 하이데거는 자신의 사유의 여정에는 세 가지 단계가 있었다고 말했다. 첫째, 『존재와 시간』에 매진하였던 때, 둘째 그 책과 자신의 전향사이의 시기, 셋째 그 전향 이후의 시기가 그것이다. 각각은 연속적으로 '의미–진리–장소'(Casey 1997, 279)라는 세 가지 단어로 특징지을 수 있다. 철학적 변증법에 관심이 없었던 그는 익숙한 단어의 옛 의미에서 익숙지 않은 어휘를 만들려고 하였던 하이데거의 글쓰기는 이 세 국면에서 종종 이상하고 기이하게 보인다. 하이데거가 이런 글쓰기를 장소라는 단어로 요약하였다는 것은 건축가로서 흥미롭다. 그는 스스로 생각했던 특히 산장의 땅뿐 아니라 특정 맥락 속에 위치한 사유의 중요성을 언급한다. 다면적 개념은 이 세 글에서 확장되는데 앞으로 살펴보게 될 것이다.

chapter 4

하이데거의 건축에 대한 생각

하이데거의 건축에 관한 세 권의 핵심적 에세이, 「사물」(1950), 「건립, 거주, 사유」(1951), 「...시적으로, 인간은 거주한다...」(1951)는 독일이 2차 세계대전이후 엄청난 정치적, 사회적 재건이 진행될 때 쓰였다. 연합군은 이데올로기 경쟁에 따라 독일 민주 공화국(동독)과 별도로 1949년 독일 연방공화국(서독)을 설립하였다. 전쟁 직후 엄청난 인파가 굶주림과 집을 잃어 생존의 문제가 시급했다. 파괴가 만연했으며 물리적 재건은 아직 초보적이었다. 1939년에서 1945년 사이에 모든 독일 주택의 1/5이 파괴되었다. 전후 하이데거가 살던 프라이부르크와 검은 숲이 있는 서독에는 동독 피난민들을 위해 250만 채의 집과 젊은 세대를 위해 100만 채의 집이 필요할 것으로 추정했다.(Conrads 1962) 하이데거의 프라이부르크도 다른 곳과 마찬가지로 가족들과 친구들이 집을 마련할 때까지 거처를 같이 써야 했다. *Wohnungsfrage*, 말 그대로 '주거(거주) 문제' 라는 말은 1950년대까지 지속된 이런 주택 위기를 기술하는 것과 일치했다. 하이데거의 「건립 거주 사유」와 짝이 되는 글에서 거주를 논한 것은 이 문제에 대한 직접적인 반응이었다.

주거(거주) 문제는 하이데거에게 일반적 관심뿐만 아니라 개인적 중대사이기도 했다. 프라이부르크 점령 세력과 동료 학자들을 포함하여 많은 이들이 하이데거를 나치 체제와 연관 지었다. 1945년 심각한 주거 수요에 폭발한 시민들처럼 점령 세력도 그러했으며 나치 동조자들의 주택을 몰수하는 조치를 시작했다. 이 조치에 따라 하이데거의 프라이부르크 교외 집은 '당원 거주지' 로 알려졌다. 결과적으로, 하이데거 가족은 '몇 년 동안' 한, 두 세대 다른 가족과 집을 같이 써야 했다.(Ott 1993, 313) 이처럼 하이데거가 거주의 문제에 대해 글을 쓸 당시, 그는 주택 압류의 개인적 경험으로도 거주의 문제를 실감했다.

비슷한 시기에, 프라이부르크 대학은 대학 재조직화를 위해 탈-나치화 공청회를 요구했으며 하이데거는 스스로 책임을 지고 소환되었다. 조사위원회는 학자를 파면했을 뿐 아니라 피해를 입은 대학 도서관을 다시 채우기 위해 책을 압수하기도 했다. 불기피한 일이기도 했고 공개적인 창피를 주기 위함이기도 했다. 비록 잠시 동안으로 보이지만 하이데거는 이 처벌을 받지 않았다. 대신 하이데거는 교수직에 맞지 않다는 처분을 받았고 생계수당도 박탈당했다.(Ott 1993, 307-351) 이런 결정은 1950년에 뒤집어졌고 교수권이 회복되었다. 그해 6월 「사물」 출간 발표회는 복권이후 처음으로 군중 앞에 서는 자리였다. 1951년 8월 '인간과 공간' 에 관한 학회에 제출된 「건립 거주 사유」와 바덴바덴Baden Baden에 위치한 뷜러 회헤Bühler Höhe 온천에서 강연했던 「...시적으로, 인간은 주거한다...」는 하이데거가 그 다음 등장했던 기회였다. 여기에서 다루는 그 글들은 하이데거 저서의 맥락 내에서 의미 있는 것으로, 당대의 이슈를 설명하기 때문만이 아니라 하이데거의 복권 이후 첫 강연이었기 때문이다.

아마도 대중을 대상으로 한 강연이기 때문에 그 세 글은 철학적이자 논쟁적이다. 세 글은 동일한 방식으로 연관된 문제에 접근하며, 각각은 다른 글에 담긴 생각을 증폭시킨다. 세 글 모두 그는 과거에 비해 부정적인 동시대의 존재적 측면을 탐구하기 위해 선택했으며 동시대 인간경험에 대한 비관적 관점을 제시하고 이를 완화하려 한다. 하이데거는 어원론, 즉 말 의미의 역사를 통찰력의 원천으로 본다. 하이데거는 어원론적 고고학자처럼, 익숙한 말의 의미를 탐구하고 문제에 대한 통찰을 얻는데 사용한다. 하이데거는 자신이 익숙한 동시대의 언어를 파열시켜 숨겨진 옛(그리고 그에게는 진정한) 의미를 찾고 있다고 생각했다. 조지 스타이너George Steiner는 이에 대해 다음과 같이 말한다.

> 하이데거는 해석학적 역설을 지독한 극단으로 몰고 간다. 그것에 의해 해석

> 자는 작가보다 더 많이 알고 해석을 통해 가시적 텍스트의 그것의 시초와 의미의 숨겨진 뿌리까지 조사할 수 있다. 이것은 의심할 수 없이 하이데거가 조작하는 것이며 일반적 설명의 신뢰도 차원에서 하이데거 독해의 많은 부분은 기회주의적 허구이다.(1992: 143)

여기서 살펴보는 각각의 글들에서 하이데거는 특정한 단어들의 고고학적 의미에서 존재의 전제조건의 동일한 해석을 도출해내고 건축에 대한 생각과 인간이 세상의 의미를 만드는 법의 두드러진 모델을 뒷받침하는데 되풀이한다.

「사물」

「사물Das Ding」은 1950년 6월 6일 뮌헨 바바리안 아카데미Bavarian academy 초청강연에서 발표되었다. 아카데미 회원들, 학자들과 학생들로 구성된 청중은 강연장을 가득 메우고도 모자라 통로까지 밀려 나왔다. 그 강연문은 1951년 아카데미의 연보에 실렸으며 그 뒤 1954년 『강연과 논문(Vorträge und Aufsätze)』으로 출판되었다.

「사물」은 생활 용품(이를 하이데거는 '사물'이라 부른다)에 대한 철학적 연구로 쓰였다. 글의 핵심적 주제는 하이데거의 건축관에 결정적인데, 특히 「건립 거주 사유」에서 건물을 '지어진 사물'(1971, 152)로 논하였기 때문이다. 에세이 「사물」은 난해하고, 복잡하며 하이데거 특유의 순환논법으로 진행된다. 하이데거는 전후 세상에서 교통과 대중매체의 발달로 인해 거리가 줄어들었다고 주장했다. 이것은 부정적인 결과를 낳았는데 무엇보다 인간의 자기 존재와의 친밀감이 줄어들었기 때문이다. 하이데거는 사물이 어떻게 존재의 전제조건과 연결되는가를 제시함으로써 '사물성' 개념에 '친밀감'의 개념을 연결시켰다. 이런 전제조건을 '사방fourfold'으로 이름붙이면서 하이데거는 어떤 사물은 이런 사방을 '모아', 개인이 그들을 둘러싼 세상과 더 가까워지게 돕는다고 주장했다.(복잡한 개념은 아래에서 세밀하게 고찰할 것이다) 하이데거는 이런 용어들 각각을 고찰하고 그 정의에서 자신의 주장을 가다듬었다. 이 글의 논지를 뒷받침하는 것은 과학과 기술이 개인의 일상적 경험을 의미 있게 만드는데 부적절하게 남아있다는 판단이었다. 이런 주제—첫째는 개인의 친밀감의 의미와 그들을 둘러싼 세상과의 교류에 미치는 영향에 관해서, 둘째로 어떻게 사람들이 그들을 둘러싼 사물을 인식하는가와 셋째로 어떻게 그들이 세상의 기본적 구성물과 관계되는가—는 「건립 거주 사유」에서 건축에 관한 각별한 관심으로 다시 논의한다.

처음 읽기로는, 「사물」은 근대 과학적 서구 교육을 받은 사람에게 사실 아주 이상하게 보일 수 있다. 하이데거는 마치 자신을 독자의 철학적 안내자와 정신적 멘토, 자칭 세속적 설교자로 설정한 것으로 보인다. 하이데거의 글이 지닌 신비적 차원은 과학이 주도하는 보통의 교육과는 잘 맞지 않는다. 하지만, 독자를 다른 세계관과 만나게 하는 것이 하이데거 글의 핵심이다. 「사물」은 이런 두드러진 특징 때문에 하이데거의 가장 도전적인 글 중에 하나가 되었다. 하이데거의 많은 저서들이 그러하듯 파고들수록 더욱 빠져들게 된다.

가까움

하이데거는 현대 생활에서 거리의 수용 변화를 논하면서 「사물」을 시작한다. 하이데거는 이것을 고속 열차와 라디오, 영화, 텔레비전 같은 대중매체 탓으로 돌린다. 그는 '가까움'과 '멈'에 대한 대중의 이해가 변했으며 이런 변화는 부정적이라고 생각했다. 이런 상황을 논하기 위해 하이데거는 '가까움이 무엇인가? 어떻게 우리는 그 본질을 알 수 있게 될까' (1971, 166)라고 묻는다. 하이데거는 더 심화된 물음을 통해 자신의 의문에 답을 한다.

> 가까움은 직접적으로 알 수 없는 것처럼 보인다. 우리 가까이에 있는 것을 주목하여 살펴봄으로써 가능하다. 우리에게 가까이 있는 것은 흔히 사물이라

> 부르는 것들이다. 그럼 사물이란 무엇인가? 지금까지 인간은 가까움과 마찬가지로 사물로서 사물에 대해 생각하지 못했다.(1971: 166)

이 인용문은 하이데거 글을 통해 반복되는 수사학적 전략을 도입한다. 그는 익숙한 언어와 생각을 신비스러운 구름 속에 가리려한다. 그는 '가까움' 의 개념을 더욱 난해한 문제 만들고 싶어 하며 서로 다르지만 익숙함의 함축을 담고 있는 지적 가까움과 물리적 가까움에 연관된 단어들을 하나로 묶는다. 그렇게 함으로써 하이데거는 자신의 우선사항에 따라 가까움의 재규정에 착수한다. 하이데거는 가까움에 대한 개인들의 평가와 '사물' 에 대한 관계를 연결하고 급진적으로 단순하게 그 문제를 규정하려고 한다.

하이데거는 사물을 논하기 위해서 물리적 예를 도입했다. 그는 사물에 가까운 존재를 사람들이 어떻게 이해하는가를 탐구하기 위해 가상의 항아리('der Krug')에 대해 쓴다. 그의 주장의 전개에 결정적인 예인 항아리는 도덕경의 한구절과 관련해서 등장한다. 기원전 6세기 중국 후난성 지방에 살았던 신비스런 사상가 노자가 쓴 '도덕경' 은 동양 철학에서 핵심적인 책으로, 하이데거는 그 책의 몇 구절을 1946년 독일어로 번역했다.(May 1996, 6~7) 하이데거는 또한 장소를 그릇으로 간주한 아리스토텔레스의 『형이상학』을 생각했을 것이다.(Aristotle 1983, 28~29; Casey 1997, 50~71)

하이데거에게, 항아리는 '자립적이며['*Selbstandliges*'][...] 독립적인' (1971, 167) 하나의 사물이다. 하이데거는 '우리가 항아리를 그릇으로 간주할 때 확실히 우리는 그것을 결코 단순한 오브제가 아닌 하나의 사물로 평가하고 있는—그렇게 보인다—것이다.' 단 두 페이지가 약간 넘지만, 우리는 이미 「사물」의 핵심에 깊이 들어와 있다. 이 말은 서구 사회에 만연한 사고의 방식에 대한 최소한 두 가지 주요한 도전이다. 하이데거의 문장 전환을 조심스럽게 듣는 것이 중요하다. 첫째는 '그렇게 보인다' 는 구절은 괄호로 배열되어 있는데 일종의 구호와 같은 것으로, 직접적인 인간 경험의 권위가 추상적 철학적 진실보다 우위에 있음을 입증하려는 시도이다. 그 구절은 무엇보다 세상이 어떻게 각각 사색하는 개인에게 보이는 가에 의해 인식된다는 주장을 담고 있다. 둘째, 하이데거는 '사물'과 '오브제'를 구별하고 있다. 이것은 결정적인 전략이다. 하이데거가 지배적인 서양의 전망이라 느꼈던 것에 대한 도전이다. 우리를 둘러싼 덧없는 것들이 오브제를 이룬다. 여기에서 이런 두 가지 도전을 염두에 두는 것이 중요하다. 왜냐하면 하이데거가 건축에 대해 말하고자 하는 핵심적 측면을 소개하기 때문이다. 생각하는 개인으로서 당신과 나에게 세상이 어떻게 보이느냐에 따라 세상은 평가된다는 개념과, 사물과 오브제의 관계는 우리가 하이데거의 가상의 항아리에 대한 논의를 진행하기에 앞서 파악해야 한다.

그렇게 보인다

존재의 분명한 의존이라는 의미는 '사물'과 거주와 장소에 대한 하이데거의 글들에 스며있다. 대부분의 해설자들은 하이데거 생애 철학적 추구가 존재에 직결된다는데 동의한다. 하이데거의 첫 번째 주 저작, 『존재와 시간』(1962)이란 제목은 그걸 강조하고 있으며 그 책의 초반에 플라톤의 『소피스트』에서 엘레아학파 이방인에게서 따온 인용문으로 그 기획을 효과적으로 요약하고 있다.

> 왜냐하면 선언적으로 당신이 "존재"라는 표현을 사용할 때 당신은 당신이 의미하는 것을 오랫동안 알고 있었다. 하지만 그것을 우리가 이해했는지 생각해볼 때 우리는 이제 혼란스러워졌다.(1962: 1)

익숙한 것을 다시금 신비화하려는 이 인용은 하이데거의 철학적 목적을 서술하고 있다. 하이데거는 존재를 주요한 관심으로 도입하며 이에 대한 기존의 수용된 이해를 의문시한다. 하이데거의 거주와 장소에 대한 모색은 존재의 문제를 이해하려는 여러 시도 중 하나—사물의 물리적 세계에서 존재의 위상 탐구—로 생각할 수 있다.

하이데거의 존재에 대한 해석은 인간이 존재한다는 단순한 사실로 시작된다. 그에게 이것은 철학의 첫 번째 물음이다. 하이데거에게, 기본적이고 근본적인 그 물음은 대부분의 철학자들이 무시하거나 잊어버린 물음이었다. 이 속에서 하이데거는 헤겔과 쇼펜하우어를 포함한 사상가들에 감응했던 에드문트 훗설Edmund Husserl이 정립한 철학의 한 갈래인 현상학을 따르고 있다. 현상학은 인간 실존의 벌거벗은 사실로 시작하며, 세상은 언제나 사람이 그것에 반영하기 이전에 이미 존재했다고 주장한다. 또한 현대 사회에서 실존과의 직접적인 접촉은 흐려졌으며 사람들은 실존과의 관계를 재 규정해야하며 그것이 철학적 위상을 가진다고 보았다. 하이데거에게 존재는 지적인 것이 아니라 주로 현상학적인 것이었다. 하이데거는 존재는 지식 이전의 것이며 존재에 대한 사유는 차후의 활동이라고 믿었다. 뤼디거 사프란스키Rudiger Safranski는 하이데거 전기에서 이것을 추락하면서 자유 낙하의 법칙을 배우는 것이라고 부른다.(1998, 115) 말하자면 개인은 삶에 대해 생각하기 이전에 언제나 이미 살아있는 것이다. 철학자의 도식에서 우리들 각각은 우리가 생각하기 이전에 그리고 우리가 우리의 존재에 대해 생각하기 전에 존재한다.

이것은 급진적 입장이었는데 왜냐하면 지배적인—최소한 앵글로-아메리칸 철학자들 간에 지배적인—세계에 대한 철학적 개념에 도전하였기 때문이다. 간단히 말하자면, 아리스토텔레스 이후 철학자들은 세상을 대체로 '실체의 우선성' 으로 인식했다고 말할 수 있다.(Frede 1993, 45) 사유는 세상과 분리되는데, 분리된 지적 위상 위상에서 관찰자는 주변 세상을 범주화한다. 하이데거는 이런 사유의 분리 개념에 불편해했는데, 왜냐하면 그에게 철학적 추동력은 존재의 일상적 직접성에 직결되기 때문이다. 하이데거에게 익숙한 일상 언어, 우선사항과 세상의 사물에 이미 얽혀 있는 출발점에서 세상의 이해를 시작하는 것이 유일한 가능성이었다. 하이데거의 독특한 주장은 존재의 철학적 추구는 불가피하게 존재의 조건에서 출발하여야 한다는 것이다. 그는 존재 개념을 그것과 대응하는 무無와 관련해서 설정한다. 만약 존재가 철학의 첫째물음이라면 근본적으로 그 반대편 즉, 비존재의 가능성을 통해 조명되어야 한다. 그는 인간의 현전과 부재, 삶과 죽음을 언급하였다. 하이데거에게 철학은 인간 삶이 존재한다는 놀랍지만 종종 간과되는 사실로 시작한다.

하이데거는 「사물」에서 가상의 항아리에 대한 주장을 현전과 부재의 개념과 연결 짓는다. 철학자는 항아리의 용도는 그 비움으로 이루어진다고 주장한다. 항아리는 물질성 때문에 어떤 것으로 인식 가능하지만 항아리의 비움—중심에 아무것도 없다—은 그 사물을 유용하게 만든다. 철학자는 여기서 도덕경의 11장을 언급하고 있는 것으로 보인다. '찰흙을 빚어 그릇을 만든다. 그 그릇의 빔에 그릇의 쓰임이 있다.' (Tse 1989, 31) 하이데거는 항아리에 대한 이런 이해는 전통 철학을 통해 인식된 과학적 해석과 대조적인 것으로 설정했다. 과학에서 항아리는 비워질 수 없으며 그 속의 내용물은 공기로 가득 차 있고 술과 같은 또 다른 내용물로 대체될 뿐이다. 하이데거는 이런 과학적 모델이 사람들이 항아리를 쓰는 방식과 일치하는지 의심한다. 과연 사람들은 항아리를 채우고 따르는 걸 이렇게 이해할까? 따라서 하이데거는 과학은 비움을 생각할 어떤 수단도 가지고 있지 않다고 생각했다. 무—항아리를 유용하게 만드는 것 또는 존재와 반대되는 가장 중요한 것—를 가늠할 수 없는 과학의 무능력은 인간 경험을 기술할 과학적 수단의 부적절함을 확인시켜주는 예가 된다.

하이데거가 「사물」에서 가상의 항아리에 대해 '확실히 우리는 그것을 결코 단순한 오브제가 아닌 하나의 사물로 평가하고 있는—그렇게 보인다—것이다.' 라고 썼을 때 그의 '그렇게 보인다' 는 문구는 항아리에 대한 어떤 평가도 존재와 관련되어야 한다는 것을 강조한 것이다. 세상과 항아리는 추상적인 범주가 아니라 우리의 경험을 통해 개개인인 우리에게 어떻게 보이느냐를 통해 이해되어야 한다. 항아리는 직접적이며 실재적이다. 개인은 그것을 물질적으로 잡고 들기도 하며 만질 수 있는 특성 때문에, 그것이 느껴지는 것이기 때문에 손으로 이해한다. 사상가의 현전과 항아리의 현전을 모두 아우르는 *이후에*야 이런 사물에 대한 사유는 적절히 시작된다. 이것은 처음엔 사소한 구별로 볼 수 있지만, 하이데거의 철학적 계획과 건축에 대한 생각에 보다 넓은 함축을 갖는다.

사물과 대상

하이데거가 항아리는 '사물이지 단순한 오브제가 아닌' 것으로 평가해야한다고 주장했을 때, 그는 사물 개념을 오브제 이상의 것으로 생각했다. 하이데거는 개인을 대상과 분리된 관찰자로 생각하는 영미 철학의 지배적인 대상 개념에 대한 대안을 주장하는 것이다. 분리된 관찰자라는 이런 생각은 일상에서 존재의 지저분함과 거리를 둔 더 높은 지평을 열망하는 것이다. 그 지평에서 형식, 순수 개념, 원 모델 또는 원형은 마음을 통해 다루어진다. 감각적인 사물, 일상적인 사물은 이런 형태에서 유래된 것으로, 이 보다 못한 복사본인 셈이다. 예를 들면, 한 그루의 나무는 더 높은 지평에서 순수 개념으로 존재하며 일상 삶에서는 실제 나무들로 재생산된다. 각 대상의 순수 형식은 미의 특이한 형태와 관련되어 생각되었다. 그것은 초월적이다. 말하자면 영원히 남는 것이며, 진실하고 권위를 가진 것으로 인식되었다.

하이데거에게, 사물을 대상으로 보는 것은 존재의 중요성을 다시 한 번 손상시키는 일이었다. 일상 삶의 사물과 개념적인 초월적 대상-형식을 나누는 것은 직접적인 경험에서 아무 도움이 되지 않는 정신 착란에 불과하다. 하이데거에게, 사물은 일상적 인간 삶과의 관여를 통해 평가된다. 하이데거는 「사물」에서 도공이 항아리를 자립적인 사물로 만드는 것은 액체를 담는 특정한 목적을 위한 것이다. 그는 항아리가 현상appearance—그가 플라톤의 '에이도스eidos'나 '이데아'가 '눈에 보이는 것'으로 정의했던—을 갖는다는 것을 알았다. 현상은 인간이 그것을 생각할 때 그 인식에서 그리고 어떻게 만들어졌는가에서 유래한다.(1971, 168) 하지만 하이데거는 항아리는 인간과 물질적이고 지적인 관계를 맺기 때문에 사물로 식별된다고 주장했다. 하이데거는 「사물」에서 '그것은 외적 현상이란 측면에서 현존하는 것의 현전을 인식한 플라톤은 아리스토텔레스와 후대 철학자들과 마찬가지로 사물의 본질을 제대로 합당하게 사유하지 못한 것이다' (1971, 168)라고 말한다. 하이데거에게 순수, 미와 가상의 개념의 영원함은 부차적인 것이며, 일상적인 실현가능성과는 거리가 먼 것이다. 그에게 일상 삶의 실현가능성은 처음으로 사람을 물리적이자 지적으로 생활 용품과 접촉하게 한다.

하이데거는 대상 개념이 부적절함을 발견했다. 이는 너무 추상적이고, 가식적이며 일상 경험과 동떨어져 있다. 이와는 달리 그에게 사물은 손에 잡히는 용도에서 그리고 인간과 주변 세상과의 관계에 따라 그 특성을 얻게 된다. 사물은 인간 존재의 일부이지 추상적인 영역이 아니며 그것에 대해 생각하기 이전에 이미 늘 거기에 존재하는 것이다.

사방 : 존재의 전제 조건

「사물」에서 하이데거는 사물 개념을 대상 개념의 대척점에 놓고, 과학적 환원 보다 경험의 타당성을 주장함으로써 그 뒤 보다 흥미로운 전환을 이룬다. 하이데거는 인간의 경험 속에서 존재의 기본 조건을 설립하려 했는데 이를 '사방the fourfold' 이라 이름 붙였다. 이 조건은 「건립 거주 사유」에서 사람들이 건물을 경험하는 조건으로 다시 논하게 된다. 항아리라는 특수한 예는 그의 사례에 중요한 것으로 유지된다.

항아리 중심에 있는 보이드로 돌아와서, 하이데거는 액체를 담을 수 있는 항아리의 비워진 상태가 항아리의 특성을 이루는 결정적인 측면이라고 주장했다. 액체를 따르고 붓는 것이 단지 사람들에게 음료를 마시는 것일 뿐이지만 하이데거는 항아리의 '붓는 선물' ('das Geschenk' , 말 그대로 선물)의 신성한 잠재력에 특히 관심을 가졌다. 항아리는 일반적인 환경에서 물과 술을 따를 수 있지만 또한 정화를 위해 붓는 것이기도 하다. 항아리 중심의 무에서 나온 이런 특별한 부음을 신비스러운 기원을 가지는 것으로 여겨지는 천연의 샘에 비유하였다. 그의 생각은 여기에서 토트나우베르그 산의 산장 서재 유리창 바깥에 있는 샘과 연결된다. 그 샘은 생명을 주는 물을 공급하는데 그는 여기에 숭배의 지위를 부여한 바 있다.(Sharr 2006, 73) 그런 샘처럼 하이데거에게 항아리도 그러하다.

> 'Erge(대지)' 와 'Himmel('하늘', 독일어에선 '천국'을 의미하기도 한다')'의 결합[…] 와인은 땅의 영양분과 하늘의 태양이 서로 맺어져 낳은 열매인 포도나무의 열매로 만들어진다.(1971: 180)

하이데거에게 흙으로 만들어진 항아리는 대지와 하늘에 대한 인간의 경험을 연결시킨다는 것이 중요하였다. 그는 자신의 부어진 선물개념을 분석함으로써 이런 연결을 발전시켰는데, 하이데거는 영어 'gush(샘솟다)'와 유사한 독일어 어근 'Guß'의 어원론을 통해 이를 생각하였다. 독일어는 영어보다 부가적 의미를 전달한다. 'aus einem Guß'라는 표현은 통합된 전체를 형성하는 것을 가리키고, 'das GieGuß'은 던진다는 말이며, 'Guß-beton'은 거푸집 콘크리트를, 'Guß-eisen'은 주철을 뜻한다. 그런 함축은 여기 하이데거 논점에 핵심적인데 항아리와 그 음료—'Geschenk'의 어원을 통해 하늘과 연결된—는 통합된 전체이며 천국의 작은 주물이다. 철학자에게는 항아리에서 부을 때, 그것은 인간에게 삶의 신비스러운 원천의 한 방울을 주는 것이다.

하이데거는 항아리가 신성한 울림을 가지고 있다는 주장을 발전시켰다. 그에게, 항아리는 대지와 하늘을 통합시키는데, 이는 그것의 부어진 선물이 필멸자('Sterblichen', 이 말은 '죽음sterben'과 연관된다)의 삶이 신성('Göttlichen'는 '신göttlich'을 가리킨다)과 연결됨을 나타내기 때문이다. 하이데거는 '샘솟음의 선물에서 필멸자와 신성은 각각 다른 방식으로 거주한다'(1971, 173)고 말했다. 하이데거는 이 용어에 대해 어떤 것도 정의를 제시하지 않았다. 땅, 하늘, 신성과 필멸자는 상호 정의에서 추론될 뿐이다. 그는 그 네 가지는 '거울-놀이'(*'Spiegel-Spiel'*)로 결합되어 있다고 말한다. 서로가 서로를 반영하는 것은 실존의 전제조건이었다.

하이데거는 땅, 하늘, 신성과 필멸자는 모두 실존의 주요 환경을 구성한다고 느꼈으며, 이런 환경을 '사방'('das Geviert')이라 불렀다.

하이데거는 다음과 같이 말했다.

> 음료로서 부음의 선물 안에는 필멸자들이 스스로의 방식으로 머물고 있다. 신에게 받치는 음료로서 부음의 선물 안에는 신성이 스스로의 방식으로 머물고 있다. [...] 부음의 선물에는, 필멸자와 신성이 각각 다른 방식으로 거주한다. 땅과 하늘은 부음의 선물에 거주한다. 부음의 선물에는 땅과 하늘, 필멸자와 신성이 각각 다른 방식으로 거주한다.[...] 이 넷은 그 자체에서 하나로 속해있다. 현전하는 모든 것에 앞서 그들은 단일한 사방으로 포개진다.(1971:173)

하이데거는 여기에서 '머묾'과 '거주'라는 표현을 썼다. 땅, 하늘, 신성, 다른 필멸자는 우리에게 우리 자신의 위치를 알게 할 영원한 기회를 준다. 그 넷은 우리 주변에서 언제나 함께하며, 단일한 판단 기준을 제공한다. 우리는 언제나 그들과 결합되어 존재하기 때문에 그들은 우리에게 우리 자신의 특성과 성격을 판단할 수 있게 한다. 공통점과 차이는 사방을 구성하는 기준에 따라 명확해진다. 하이데거에게, 그렇게 함으로써 개인은 스스로가 속해있는 세상과 환경에서 자신의 위치를 판단하게 된다. 그런 판단의 행위는 하이데거에게는 집에 있는 것처럼 느끼는 것이며 환경과 조화에 이르는 것이다. '거주'는 이런 조화의 느낌에 도달하는 것이다. 이 용어는 위에서 논했다시피, 하이데거의 건축에 관한 사유에 핵심이다.

알베르트 호프슈타터Albert Hofstadter는 이런 방식으로 존재를 요약하는 하이데거의 동기에 대해 썼다.

> 그가 말해야만 하는 것을 말하기 위해 그가 본 것을 보고하고, 그가 들은 것을 중계하며, 하이데거는 신, 필멸자, 땅...을 말해야 한다. ... 그것은 지식과

> 가치 또는 현실의 문제에 대해 추상적으로 이론화하는 것이 아니다. 그것은 존재Being—다른 존재들beings의 다른 존재being와 그들 정체성의 하나됨과 모든 그들의 차이들—에 대해 가장 구체적으로 생각하고 말하는 것이다.(1971:xi)

호프슈타터가 주장하길, 사방은 하이데거가 인간의 존재를 그에게 보이는 대로 알려주려는 노력을 보여준다. 하이데거는 세상의 귀속의 기초에서 자신을 둘러싼 것을 범주화하려했다. 사방은 존재의 가장 주요한 환경 즉, 동의 없이 세상에 '던져' 진 인간에게 세상의 피할 수 없는 전제조건으로 제시된다.(1962, 164-168) 사방은 인간의 조건을 요약한 하이데거의 최고의 추정이다. 사방에 맞서 홀로 나아가는, 존재에서 유래되어 존재의 의미를 만드는 충동에 의해 구분된다. 혹자는 사방이라는 개념이 현상학적 소개자로서 하이데거가 가장 대담하게 도입한 것이라 말한다.

하이데거의 사방은 신비주의 신학자 마이스터 에크하르트, 앞서 언급한 동양 철학자 노자, 시인 프리드리히 횔더린을 포함하는 전거에 대한 관심에 기인한 것이다. 하지만 이런 사방은 다른 이와의 합리적 토론에서 사상가들의 변증법적 모델과 잘 맞지 않는다. 신화적이며 신비적이기 때문에, 논리적 사고의 엄격함과는 거리가 있다. 자신의 존재 경험에서 나온 자유로운 글쓰기를 통해 통상적인 철학에서 가장 멀리 벗어난 지점일 것이다. 이곳은 도서관에서 나와 자신이 사랑하던 검은 숲 산의 풍경 속으로 먼 길을 떠나온 곳이다.

게오르게 슈타이너는 사방이 'ideolect' 즉, 보편적으로 제시된 사적 언어의 표현이라고 말한바 있다.(1992, 9) 하지만, 하이데거는 이를 부인했다. 우리를 둘러싼 세상을 땅, 하늘, 신성과 필멸자와 관련하여 경험을 통해 인식하는 것은 동시대 서구 사고방식을 혼란스럽게 만드는 것으로 보이지만, 하이데거는 정작 혼란스러운 것은 세상에 대한 기술 중심적technocratic 개념이지 자신이 아니라고 주장한다. 과학적 교육과 사회의 제도적 구조들을 통해 진리로 배운 것은 그에게 세상을 바라보는 여러 관점

중 하나에 불과하다. 그는 이런 전망이 부적절하다는 걸 깨달았으며 이와는 다른 개념으로 이에 거스르는 것이다. 과학적 프로세스, 인간의 통제 또는 이른바 합리적 논리에 따라 생각하는 것보다 땅, 하늘, 신성과 필멸자에 따라 우리의 환경을 생각하는 것이 왜 이상한가? 이렇게, 사방에 따라 판단한 가상의 항아리의 사물성에 대한 주장에서 나아가 하이데거는 세상에 대한 신비적 관점을 당당하게 옹호하였다.

모으기

항아리가 하이데거에게 사물인 이유는 그것이 '모으기'('Versammeln', 이 말은 만남과 조합의 함축적 의미를 전달한다) 때문이다. 다시 한 번 하이데거는 어원학의 권위를 동원한다. 사물을 가리키는 영어 'thing'은 독일어 'Ding'과 같은 어원에서 유래했다. 하이데거는 사물이란 단어의 역사적 의미와 해석을 그리스어, 라틴어, 영어, 옛 고지 독일어와 철학적 용법에서 자세히 설명하며 가장 중요한 어원을 '모으다'는 말의 어원과 공유하고 있는 것을 발견한다. '[...] 사물이라는 단어의 옛 어법에서 드러나는 하나의 의미론적 요소인 "모으다"는 항아리의 본질을 말해준다.' (1971, 177) 그는 이런 어원론적 연결이 사물성을 구성하는 것이 무엇인가에 대한 증거를 제시한다고 느꼈다. 하이데거에게, 언어는 사물이 주변의 것을 모은 것을 반영을 통해 기록한다. 그 존재와 그 용도를 통해 모으는 것은 사방이다. '어떤 것의 현전은 항아리가 인정받는 것과 같이 현전한다. 사물의 사물됨에서만 항아리 같이 현전하는 것의 현전이 나타나고 스스로를 결정하게 된다.' (1971, 177) 또는, 항아리와 그에 따른 빈 공간void은 익숙함 속에 그것과 관계하는 사람들에게 사방을 반영할 가능성을 가지면서, 존재의 사방적 전제조건을 담고 구현할 잠재력을 가진다. 하이데거에게 항아리라는 특수한 예는 세상에서 사물의 역할을 보여주는 폭 넓은 예 중 하나로 기여한다. 「건립 거주 사유」에서 그는 건립에 동일한 잠재력을 돌린다.

존재는 사물과 가깝다

그의 주장과 관련된 여러 생각의 가닥을 모색하면서 하이데거는 이를 하나로 모으려고 했다.

> 가까움이란 무엇인가? 가까움의 본질을 찾기 위해 우리는 가까이에 있는 항아리에 대해 숙고했다. 우리는 가까움의 본질을 모색해 왔고 항아리의 본질이 사물임을 깨달았다. 그러나 우리는 이러한 발견 속에서 동시에 가까움의 본질을 찾아냈다. 사물은 사물됨이다. 이런 사물됨에서 땅과 하늘, 신성과 필멸자가 머문다. [...] 가까움은 먼 것을 가깝게 한다. [...] 가까움이 하나의 그릇이라면 사물은 가까움 '속에', 거리의 근접함 '속에' 있는 것이 아니다. 가까움은 가깝게 하는 작용 속에 있고, 사물의 사물됨에 있다.(1971: 177~178)

이 구절은 하이데거 주장의 핵심이다. 여기서 그는 최대한의 수사를 발휘하여, 가장 열정적이며 가장 독특한 주장을 펼치고 있다. 또한 가장 하이데거답게 독자들에게 강력히 반응하도록 만든다. 하이데거의 요점은 가까움이란 인간 경험의 근본적인 측면이라는 것이다. 가까움의 경험은 사물의 촉각적, 인지적 그리고 사회학적 익숙함을 통해 알 수 있다. 사물은 실존에 얽혀있으며 삶의 일상적 경험의 복잡함과 얽혀있다. 비록 그것이 수학적으로 측정된다 해도 주로 사용 경험과 그 경험의 내적 인지를 통해 이해된다. 그런 이해는 세상에 대한 친밀감을 준다. 하이데거에게, 가까움은 인간과 삶의 사방적 조건과의 관계를 의미한다.

하이데거는 사물을 화려하지 않지만 일상의 실존에서 중요한 필수품으로 생각한다. 대부분의 시간을 사람들은 사물에 대해 생각하지 않고 사용한다. 그러나 이따금 사물에 대해 생각하게 되고, 사물은 개인과 자기 실존의 생생한 현전과의 관계에 대해 알려주게 된다. 사물은 사용자를 반영함으로써 즉, 땅, 하늘, 신성과 필멸자의 반영 속에 사물을 자리매김함으로써 이를 행할 잠재력을 갖고 있다. 가까움은 그래서 직접성의 기능이 된다. 즉각 찾을 수 있는 것이 가까운 것이지만 멀리 있어도 그럴 수 있다. 또한 즉각 찾을 수 없는 것은 멀리 있는 것이지만 아무리 가까워도 그럴 수 있다. 하이데거에게 사물의 결정적인 특성은 사람을 그들 스스로에게 더 가까이 데려다 줄 가능성이며, 사람들이 그들의 실존과 사방에 참여하게 돕는데 있다.

하이데거는 「사물」을 1950년에 썼는데, 과거 5년간 교수직에서 해임되고 주택 위기를 겪던 시절 독일에서의 궁핍한 생활의 경험을 가지고 썼다. 이런 맥락에서 사물과 대상에 대한 하이데거의 얘기는 놀랄만한 것이다. 복권이후 첫 번째 대중 강연에 선 하이데거는 겉으로 보이는 동시대인들의 첨예한 관심사를 명쾌하게 설명하려 하기 보다는, 인간과 가장 기본적인 실존의 구성 인자들 간의 주된 관계를 탐구하였던 것이다.

「건립 거주 사유」

「건립 거주 사유Bauen Wohnen Denken 2)」를 하이데거는 처음에는 학회 논문으로 제출했다. 그 행사의 회보에 출판되었다가 1954년 『강연과 논문(Vorträge und Aufsätze)』이라는 책에 실렸다. 철학자는 건립, 거주, 사유의 세 가지 개념사이의 통일을 강조하기 위해 제목에 콤마를 피했다. 학회–'인간과 공간(Mensch und Raum)' –은 다름슈타트에서 1951년 8월 4일에서 6일까지 개최된 것으로 청중은 대부분 건축가들, 기술자들과 철학자들이었다.([n.a], 1991) 하이데거의 논문 이후 토론은 주로 오토 바르트닝Otto Bartning이 주관하였다. 바르트닝은 당시 데사우로 옮긴 바우하우스를 이어 바이마르 건축학교 교장이었으며 지멘슈타트 하우징을 포함한 프로젝트를 진행한 바 있다. 그 밖에 당시 행사에 기여한 건축가로는 나치 이전 독일에서 슈투트가르트 역을 디자인했으며 초기 발터 그로피우스

2) 역주–영어 dwelling은 '살다'라는 의미의 거주를 지칭하지만 주거를 뜻하기도 한다. 문맥에 따라 주거 또는 거주로 번역하였다. building은 건물을 뜻하지만 짓기라는 행위를 가리키기도 한다. 여기에서 '건축'으로 번역하는 것이 좀 더 일반적이겠지만, 하이데거는 건축을 전문가의 일로 구별하였으므로 building을 건립이라는 말로 번역하였음을 밝혀둔다.

에게 영향을 주었던 파울 보나츠와 유겐트슈틸 운동의 핵심 멤버였던 리차드 리머슈미트, 베를린 필하모니와 서독 국립 도서관을 설계했던 한스 샤로운이 있다. 다른 대표적인 인물들로는 사회학자 알프레드 베버Alfred Webwe와 철학자 한스-게오르그 가다머Hans-Georg Gadamer와 호세 오르테가 이 가젯José Ortega y Gasset이 있다.

하이데거의 이 논문은 「사물」에서 탐구했던 많은 논제를 발전시켰다. 그는 건립과 거주는 서로 친밀하게 묶여있다고 생각했다. 그에게 건립과 거주 활동은 사람들과 '장소' 라는 사물과의 연관을 통해 연결되며 장소의 의미를 만들려는 시도가 된다. 「건립 거주 사유」는 '거주라는 것은 무엇인가?' 와 '어떻게 짓는 것이 거주에 속하는가?' (1971, 347)라는 두 가지 의문에서 조직된다. 하이데거는 거주란 개인과 세상간의 평화로운 조화라고 말한다. 즉, 존재의 사방적 조건을 통해 건물을 짓는 것이 필수적이라고 거듭 말한다. 하이데거는 이런 주장을 예를 통해 설명하는데 특히 다리와 18세기 농가를 예로 든다. 이 농가는 그에게 장소 만들기와 장소에 대한 순응을 유지하며 짓고 거주하는 법을 잘 요약하고 있다. 「사물」에서처럼, 「건립 거주 사유」는 어원의 탐구, 수사학적 문답, 특유의 밀도와 순환적 문체가 특징적이다.

건축은 충분하지 않다

하이데거는 건축가들과 역사가들이 건축을 판단할 때, 미적인 것을 더 우위에 두고 실제 장소를 만들고 거주하는 사람들을 우선적으로 고려하지 않는다고 꼬집었다. 그에게, 이것은 무엇에 관심을 두느냐가 원인이다. 하이데거는 '건축' 이라는 단어가 그 문제의 일부라고 보았다. 대신 건립과 주거를 말하는 걸 선호했다. 하이데거가 쓰길,

> [...] 건립에 대해 생각하는 것은 건축적 아이디어를 발견하는 것으로 간주해선 안 된다. 건립만의 규칙은 그대로 두자.(1971: 145)

하이데거는 건축을 계획하고 건설을 관리하는 독재적 규칙으로 연관 지으며, 다른 전문가의 소비를 위해 전문가들이 만든 일종의 건축적 아이디어(원리, 길잡이, 정책)를 문제시했다. 그는 다음과 같이 주장했다.

> [...] 건물을 세우는 것은 건축 또는 기술자의 구조물로 이해하거나 단지 둘의 결합으로 이해하는 건 적절치 못하다. (1971: 159)

따라서, 하이데거가 「건립 거주 사유」에서 건축이라는 단어를 사용하는 것은 경멸적인 것에 가깝다.

오랜 전통을 갖고 있는 건축이라는 단어는 건축이 될 수 있느냐 아니냐에 따른 입장을 담고 다. 예를 들면, 역사학자 니콜라스 페브스너가 자전거 보관소는 단순한 건물일 뿐으로 일축하고 링컨 대성당을 건축으로 찬양한 것을 떠올릴 수 있다.(1963) 많은 건축가들과 역사가들은 페브스너처럼 철학적 미학에 따라 건축을 예술로 받아들였다. 고전적 오더에서 르 꼬르뷔제의 『모듈러』(1954)에 이르기까지, 건축에서 미를 상대적으로 우위에 두고 논했으며 이상적인 건축 형태를 추구하였다. 이것은 대체로 최근에 주도권을 가지게 된 시각적 관심에 따른 것으로 18세기 사상의 탓으로 본다(Vesely 2002, 21-38). 특히 하이데거가 글을 쓸 당시 많은 건축 책과 건축 역사가들은 건물을 장식된 또는 노출된 예술 오브제로서 시각적으로 평가해야 한다는 점을 강조하곤 했다.(Arnold 2002, 83-126) 하이데거는 이런 건축 개념이 충분하지 못하다고 생각했다. 그에게, 그것은 인간 거주의 모든 중요한 차원을 평가절하 하는 것이었다. 하이데거는 건축이라는 단어 대신 건물과 거주라는 단어를 통해 미적 우선성보다 거주와 경험을 더 강조하였다.

건물과 거주

하이데거는 「건물 거주 사유」를 '거주란 무엇인가?' (1971, 145)라는 물음으로 시작한다. 그는 가상의 과거 거주와 비교하여 동시대 삶의 방식에 의문을 제기한다.

> 다리와 격납고, 스타디움과 발전소는 건물이지 주거가 아니다. 기차역과 고속도로, 댐과 시장건물은 지어지지만 거주하는 장소는 아니다. 그렇지만 이런 건물은 우리 거주의 영역 속에 있다. 그 영역은 이런 건물을 넘어 확장되고 있으며 거주 장소에 한정되지 않는다. 트럭 운전수는 고속도로위를 집처럼 살지만 그곳에 안식처를 갖고 있지 않다. 일하는 여성은 방적 공장[!]을 집처럼 느끼지만 그곳에 거주 장소를 갖고 있진 않다. 기관장은 발전소를 집처럼 느끼지만 그곳에 거주하지 않는다. 이런 건물은 사람을 기거하게 만든다. 사람들은 그곳에 기거할 뿐 그곳에서 거주하지 않는다. 오늘날 주택 부족으로 인해 사람들은 이를 당연시 여기며 심지어 좋게 생각한다. 거주용 건물은 사실 안식처를 제공한다. 오늘날 주택은 잘 계획되고, 유지하기 쉬우며. 매력적으로 값이 싸고, 공기와 빛, 태양에 개방적이다. 그러나 그 속에 거주가 일어난다는 어떤 보장이 있는가?(1971: 145-146)

이 구절은 「사물」에서 하이데거의 가까움에 대한 설명과 유사하다. 그에게, 사람은 건물을 일상적으로 점유할 수는 있지만 그 속에서 집에 있는 것처럼 편안함을 느끼거나 가까움을 느끼지는 않는다. 철학자는 거주의 유형을 분류하고 이를 설명하기 위해 신중하게 자신의 말을 선택하고 있다. 여기서 기술 중심주의적인technocratic 말은 비판의 대상이 되는 말들이다. 예를 들어, '잘 계획된', '유지하기 쉬운' 그리고 '매력적으로 싼' 등의 개념은 거주의 핵심을 놓치고 있다는 점을 시사한다. '주택'은 인간 거주의 우선성을 지배하는 생산 체계임을 강조하기 위해 도입하였다. 하이데거에게 이 말은 흥미로운 보충설명을 제시해준다. 그 말은 체계화된 건설 산업을 가리키며 전문가들이 미지의 소비자를 위해 시장에 건물을 알선하는 곳이다. 하이데거는 건물을 소비재로 보는 이런 개념에 도전한다. '건립은 단순히 거주하는 수단이나 방식이 아니다. 건립은 그 자체로 이미 거주이다.' (1971, 146) 당대의 건물과 거주간의 관계를 통해 하이데거는 과거와 현재를 비교하였다.

늘 하이데거는 건물과 거주간의 적절한 관계를 그 단어들의 어원에서 발견하였다. 그는 그 말들이 옛 독일어에서 동일한 어원을 갖고 있다고 말한다.(영어 'build' 와 'dwell' 은 같은 독일어 어원에서 나왔다) 이는 우연이 아니며, '건립' 과 '거주' 가 이전에는 하나로 이해되었고 동일한 활동이었음을 말해준다.

> Bauen은 원래 거주를 의미한다. bauen이라는 말은 원 의미에서 우리가 거주의 본질과 *얼마나 멀어졌는가를 말해준다.* bauen, buan, bhu, beo는 우리말로는 bin(역주–영어의 be 동사에 해당하는 말)에 해당하는 말이다. *ich bin(나는 존재한다), du bist*(너는 존재한다), 명령형으로는 bis로 쓰인다. 나는 존재한다는 것이 무슨 뜻인가? 고어 bauen은 bin에 해당하는 말이며 ich bin, du bist는 내가 거주한다, 당신이 거주한다는 뜻이다. 당신이 존재하고 내가 존재하는 방식, 우리 인간이 땅 위에서 존재하는 방식이 buan 즉, 거주이다. [...] 고어 bauen은 인간이 거주하는 한 인간은 존재한다는 말을 하고 있다. 또한 동시에 bauen이란 말은 소중히 하고, 보호하며, 보존하고 보살피는 것을 의미한다. 특히 땅을 갈고 포도나무를 가꾸는 것을 의미한다.(1971: 147)

하이데거는 건립의 두 방식을 구별하였다. 하나는 시공으로서의 건립으로 관습적 정의에 가깝다. 그리고 양육으로서의 건립이다. 독일어에서 'bauen' 은 건립하다는 동사이며, 'der Bauer' 는 농부라는 뜻의 명사이다. 이런 어원론에서 하이데거는 건립을 씨를 뿌려 농작물을 키우는 것과 동일시한다. 게다가, 하이데거는 건물과 거주의 활동을 서로 결합된 것으로 언어 속에서 핵심적으로 찾아내었다. '나는 존재한다ich bin' 에서처럼 건립과 거주는 예전에 존재의 어떤 확신에 핵심이었다. 이 어원론은 우리가 '나는 ~이다' , '너는 ~이다' , '우리는 ~이다' 라고 말할 때마다 우리는 인간존재를 통해 하나로 인식된 건립과 거주의 중요성을 반복해서 말하는 것이다. 그에게 건립과 거주 즉, 집짓기와 경작은 언어 속에 인간 존재를 알려주는데 핵심적이었다.

'bauen' 의 어원을 탐구한 후, 하이데거는 이와 연관된 말, '거주

wohnen' 의 연관된 어원을 찾는다.

> 고대 색슨 어 *wua*, 고트 어 *wunian*은 고어 *bauen*처럼 장소에 남아있는 것, 머무는 것을 의미한다. 그러나 고트어 *wunian*은 어떻게 해서 머무는 것이 경험되는지 보다 분명히 말해준다. *Wunian*은 평온한 것, 평온을 가져오는 것, 평온한 가운데 있음을 의미한다. 평온을 뜻하는 단어 *Friede*는 *das Frye* 즉, 자유를 의미하고, *fry*는 고통과 위험에서 보호되는 것, 어떤 것*에서(from)* 보호받는 것, 지켜지는 것이다. 자유로운 것은 실제로 어떤 위험으로부터 피하는 것을 의미한다.(1971: 148-149)

여기서 하이데거는 거주를 인간과 환경간의 조화로 보았던 「사물」에서의 논지를 발전시켰다. 언어는 그에게 거주란 평온, 만족, 자유 등 세상과 하나 된 상태로 있는 존재를 수반한다는 사실을 말해준다. 건립 방식도 경작과 양육을 수반하여 이와 연결된다. 하이데거는 오늘날 건립과 거주의 의미를 말과 행동에서 모두 잃어버렸다고 생각했다.

두 가지 예는 하이데거의 건립과 거주의 결합된 개념을 설명하는데 적합할 것이다. 첫째는 저녁 식탁이다. 건립과 거주의 관습적 개념상, 일상 저녁 식탁은 거주와 일정한 관계를 가지고 있다고 생각할 수 있지만 건립과는 그렇지 않다. 고전 빌라나 역사적으로 유명한 대학 홀의 식당에 어떤 특별한 탁자가 건물로 또는 건축으로 인식될 수는 있지만, 가정의 식탁은 그렇다고 보기 어렵다. 이것은 건축 또는 건물로 생각될 수 있느냐 없느냐를 묻는 것처럼 보이지만, 하이데거에게 그런 문제는 전혀 무관하다. 하이데거에게, 건물과 거주는 언제나—남작의 저택에 있을 법한 홀에서 일반 아파트와 집에 있는 것에 이르기까지—식탁과 연결되어 있다. 왜냐하면 식탁은 필연적으로 일상 삶에 관여하기 때문이다.

하이데거의 도식에서, 식탁을 쓰는 일은 거주를 구성한다. 사람이 식탁을 다루는 것은 건물과 거주를 이룬다. 탁자를 방 주위로 옮기는 것은 사용자의 필요성에 대응하여 행하는, 일종의 짓기에 해당하는 일이다. 이처럼, 식사를 위한 장소를 배치하는 것은 일종의 짓는 일이며, 어떻게 사람들이 그 곳에서 먹는가를 중심에 두고 구성된다.(Unwin 1997, 79) 이런 방식으로 거주(또는 인간과 탁자간의 접촉)은 짓기(또는 어떻게 놓고 어떻게 사용하기 위해 구성하느냐하는 탁자의 배열)에 의존한다. 동일하게 짓기는 거주에 의존한다(탁자의 구성은 사람들이 어떻게 그것과 접촉하느냐에 따른다). 하이데거적 용어에서 여기에 경작한다는 의미의 짓기는 식사라는 미시적 구성에서 거주와 불가피하게 연관된다.

두 번째 예는 새로 태어난 아이들이 있는 가상의 가족이 사는 집이다. 끝없이 관심을 쏟아야 하는 갓난아이는 태어나자마자 몇 주 동안 어른과 함께 지내게 된다. 아이를 가까운 아기 침대에 재워야 항상 관심을 줄 수 있다. 그러나 아기가 크면 최소한 서양문화에서 어른은 점점 가장 친밀한 공간을 아이와 공유하는데 불편함을 느낀다. 그리고 아이는 자기들만의 장소가 주어질 것이다. 이것은 거주의 문제이다. 만약 더 큰 집으로 이사할 수 있다면 해결은 쉬워진다. 그렇지 못하다면, 집을 확장하는 게 분명한 해법이다. 이제는 건물의 문제가 된다. 철학자에게, 건물은 스케일만 클 뿐 식탁 배치 및 재배치와 동일한 활동이다.

하지만, 집을 넓히는 일이 현대 서구 사회에 복잡한 문제가 될 수 있다. 거주자들은 전문가가 설립한 체계적인 구조 내에서 일이 이루어지길 원할 것이다. 그들은 계약자, 계획가, 건설 통제 관리들과 함께 일해야 한다. 대출 기관, 측량사, 건축가, 기술자, 견적사와도 일해야 한다. 법적인 허락도 필요할 것이다. 건축가가 관여한다. 그녀 또는 그는 다른 컨설턴트의 고용을 조언할 수 있다. 계약이 결정된다. 건설 작업에 필수적으로 뒤따르는 예상 못한 일들이 처리되어야하고 계약에 따라 돈이 지급된다. 전문가는 낯선 전문 언어로 말할 것이다. 하이데거의 도식에서, 건립과 거주는 직접 연결되어 있으나, 전문가가 우위에 섬으로써 그 관계가 왜곡되었다. 하이데거에게, 전문가의 기득권은 건립을 거주에서 분리시키는데 일조하였다.

하이데거의 건립과 거주는 오래 동안 함께 일어났다. 이런 단어들이 서술하는 활동은 전문가의 몫이라기보다는 일반인들의 삶의 방식의 몫이었다. 그것은 개인이 몇 달, 몇 년 혹은 평생 동안 다양한 스케일로 세상과 맺는 지속적인 관계를 서술한다. 그것은 숙련자가 관리하는 상업적 생산 과정을 통한 단기간의 산물이 아니다. '거주의 곤경' 이라는 구절이 언급하는 것은 전후 서독 가정의 주택부족을 기술하는 것이지만, 하이데거는 이 말을 통해 주택생산보다는, 건립과 거주의 관계의 단절이야말로 동시대 세상에서 가장 중요한 곤경이라고 주장한다. 그는 기술 중심적 technocratic 사회에 전문가의 우월성에 따라 건립과 거주를 끊임없이 다시 생각하려는 시도에 이런 곤경이 놓여 있다고 생각했다.

건립, 거주와 사방

「사물」에서 이미 말한바 있듯이, 하이데거에게 건립과 거주는 사방과 상호 얽혀있다.

> 우리가 인류는 거주로 구성되고 필멸자가 대지 위에 머문다는 의미에서 거주를 생각하는 즉시 [...] 거주의 근본적인 성격은 스스로 우리에게 드러난다. 그러나 '대지 위'는 이미 '하늘 아래'를 뜻한다. 이 둘은 또한 '신성 앞에 있음'을 의미하며 '인간의 존재는 서로 귀속됨'을 함축한다. 원초적 하나됨에 따라 그 넷—대지와 하늘, 신성과 필멸자—은 하나로 귀속된다.(1971: 149)

이전에 접했지만, 사방이라는 단어는 이제 다소 덜 이상해 보일 것이다.

하이데거는 독일어 'Erde' (대지)이라는 단어의 함축을 즐겼는데, 이 말은 토양과 지구를 의미한다. 그 단어는 지구 즉, 수평선까지 뻗어있는 열린 영토로서 대지의 직접적인 의미를 연상케 한다. 또한 그 말은 대지 위의 특정한 장소와 (죽어서 흙으로 돌아간다고 할 때의) 흙을 가리킨다. 하이데거는 토양과 지구를 아우르는 '대지' 를 '보조하는 전달자' 으로 기술한다.(1971, 149) 그에게, 그 말은 말 그대로 그리고 은유적으로 실존의 근거를 의미한다. 땅과 하늘같은 말로 제기한 의미는 다양한 가능성을 제시한다. 누구도 땅을 벗어날 수 없다. 생존은 식물이나 동물 등 땅의 과실을 필요로 한다. 또한 건설 재료는 진흙, 나무, 철, 알루미늄, 모래, 석회, 심지어 석유 기반의 플라스틱조차 그렇다. 중력이 부과한 조건을 따르는 생명체는 성장하고, 존립하며, 변화하고, 대지의 견고한 기초에 적응한다. 하이데거에게 대지는 인간을 위치 짓는다. 반대로, 인간은 대지와 하나로 머문다. 철학자는 대지가 개척되어야할 상품이라는 인식에 도전한다. 마치 오늘날의 지속가능성 운동을 예언하듯, 하이데거는 대지는 망치거나 정복해야할 대상이 아니라 존중받아야 한다고 주장한다.

하이데거에게 대지위에 존재하는 것은 또한 하늘과 하나 되는 것이다. 대지와 하늘은 언제나 존재하는 동반자로서 서로 결속되어 있다. '하늘'이라는 말 역시 풍부한 가능성을 제시한다. 하이데거의 하늘에 대한 설명은 날씨에 따라 필연적으로 동반되는 실용적인 문제와 관련된다. 하지만, 독일어 'Himmel' 은 '천국' 을 의미하기도 한다. 하이데거는 이런 이중적 의미를 의식하고 있다. 하이데거에게, 하늘은 인간의 실존을 감싼다. 밤과 낮, 변하는 계절, 바람, 비, 눈과 태양은 어떻게 인간이 살아가는가를 결정하며 지속적인 동반자로 남아있다. 바람, 비, 눈과 태양의 변덕스러움은 거처의 필요성을 결정한다. 하이데거는 계절과 험한 날씨를 영광으로 받아들여야 한다고 주장했다. 그에게, 우리는 언제나 바람의 할퀾과 눈의 매서움, 비의 서늘함, 태양의 타는 듯한 강렬함과 함께 존재하며 이런 힘들을 우리가 통제할 수 없다는 것은 우리의 능력을 벗어난 힘을 암시하는 것이다.

하이데거는 네 가지 중 세 번째 요소인 '신성' 은 세속적인 서양 관점에 가장 문제로 남아있다고 생각했다. 하늘은 특히 초월적인 존재에 대해 알려준다. 한스-게오르그 가다머는 하이데거가 사람은 여전히 '사라진

신을 요청' 하고 있다고 주장했다. 즉, 신을 '요청' 하는 것, 신이라는 말을 사용하는 것은 이름 붙일 말의 부재를 일깨울 수 있다.(1994, 167-195) 하이데거에게, 이런 이름붙이기를 통해 인간은 여전히 더 많이 '신과 접촉' 할 수 있는 것이었다고 가다머는 주장했다. 이런 연결은 독일어에 보다 직접적인데, 영어에서 gods가 신God에 해당하는 것처럼 독일어 'Göttlichen' 은 Gott에 해당하지만, 형용사 'göttlich' 에는 영어 divine 처럼, 종교적 연상과 미와 영광이라는 함축이 담겨있다. 따라서 하이데거의 'Göttlichen' 은 신이라는 의미와 더불어 divine[신성한, 거룩한, 멋진]을 동시에 가리킨다. 사방에서 신에 대해 이야기하는 하이데거의 말은 어떤 신앙관을 고백하는 것도, 아닌 것도 아니다.(Steiner 1992, 155) 하이데거의 신의 '손짓하는 사자' 라는 말은 합리적으로 표현될 수 없는 삶의 신비적 차원을 나타내는 것이다. 그에게, 자연의 힘들은 여전히 신비롭고 겸허해지게 만드는 영감이며, 인간으로 하여금 신을 기다리게 만든다.

'필멸자' 는 사방에서 하이데거의 네 번째 없어서는 안 될 요소이다. 독일어 'Sterblichen' 은 죽어야할 운명을 뜻하는 'Sterblich' 와 죽음을 뜻하는 'sterben' 에서 나왔다. 하이데거는 인간이나 존재라는 말보다 필멸자라는 말을 의도적으로 사용하였는데, 삶은 그 반대편, 즉 무와의 대면을 통해 지속되며 언제나 '죽음—을 향한—존재' 로 이루어졌다는 자신의 관점을 강조하기 위함이었다.(Steiner 1992, 104-105) 하이데거에게, 시간과 언젠가 죽는다는 사실은 나쁜 것이 아니었다. 오히려, 존중하고 축복해야 되는 것이었다.

하이데거는 사방은 필멸자에게 부응한다. 땅, 하늘과 신은 일상 삶을 형성한다. 죽음의 그늘에서, 사방은 실존을 축복하고 제의와 통과 의례를 치를 기회를 제공한다. 하이데거는 죽을 수밖에 없는 조건은 겸손하게 지구를 '구하는' 일로 옹호했다. 구원은 하이데거에게 자유롭게 풀어주는 것을 의미한다. 필멸자는 하늘을 '수용해야' 하고, 신을 '기다리며',

자기 존재를 '시작해야' 한다. 이 동사들– '구원', '수용', '기다림' 과 '시작' –은 어떻게 개인들이 각각 사방을 이루는 구성요소에 대응해야 하는가를 기술한다. 하이데거는 거주는 이런 방식 속에 적절한 질서의 의미를 담는다고 판단했다. 즉, 인간의 통제라는 촉수를 세상 속으로 더 넓히는 것에 저항하는 것이다. 여기에 자신의 물음에 대한 자답이 있다. '산다는 건 무엇인가?'

또 다른 곳에서 하이데거는 사유의 경건함에 대해 썼다.(Heidegger, 1976) 그는 경건함이라는 단어를 오늘날 종종 해석되는 바처럼 우쭐대는 자제력이라는 측면이 아니라 이미 그곳에 존재하는 것을 허용하고 가능케 하는 평온함이라는 측면에서 언급한 것이었다. 좋은 대화 당사자나 세미나 선생처럼 쉽게 대화할 수 있고, 그런 다음 편히 방을 나설 수 있듯이, 하이데거에게 경건함은 주변 세상에 귀 기울이고 편안하게 만든다. 하이데거의 건립과 거주와 사방과의 관계에 대한 논의는 사유의 경건함뿐 아니라 거주의 경건함을 가리킨다. 그가 옹호하는 구원, 수용, 기다림, 시작은 인간의 의지에 대한 것보다 무위will-not-to-will에 대한 것이다.

다리

사방과 거주를 연관시키면서 하이데거는 다음 「건립 거주 사유」의 두 번째 물음으로 전환한다. '어떤 방식으로 건립은 거주에 속하게 되는가?' 그는 건립과 거주는 하나이며 동일한 활동으로 이해된다는 자기주장을 발전시켜, 세상 속 인간의 현전으로 연결 짓는다. 건립은 단순히 오브제나 건설 관리 프로세스의 산물로 이해되어선 안 된다. 오히려, 건립과 거주에 대한 인간 경험을 지속시키는 주된 부분이다. 그는 건물을 '지어진 사물' 로 서술하면서 이를 강조하였다.

우리가 이전에 살펴보았듯이, 하이데거의 어휘에서 '사물' 은 추상 체계에 따라 거리를 두고 감상해야 할 것이 아니라, 경험과 쓰임 속에 있는 삶의 도구를 일컫는다. 그것은 하이데거가 문제시한 오브제의 개념에 대한 대안이었다. 그에게, 건물은 탁자와 다른 대상이 아니다. 둘 다 사물이고, 일상생활에서 사방과 사람을 연결 짓고, 사람들이 스스로를 세상 속에 순응하도록 돕기 때문에 동일하다. 그에게, 지어진 사물은 여타 사물들처럼, 분리된 오브제가 아니라 촉각적이며 상상적인 경험을 통해 이해되어야한다.

하이데거는 가상의 다리를 예로 들었다. 그는 어떻게 다리가 사방을 모으고 자리매김하는 속에 하나의 사물로 기능하는지 보여준다. 그가 든 예는 '하나의 건물' 이 '건립' 행위의 다양한 성과중 하나가 될 수 있다는 함축적 주장을 담고 있다. 여기서 다양한 성과란 주택이나 학교 또는 사무실만이 아니라 가구에서 도시에 이르기까지 건립과 거주에 대한 인간의 다양한 상호작용을 가리킨다. 하이데거가 다리를 예로 선택한 것은 이에 해당하는 단어, 다리 건설과 간격 건너기를 의미하는, 'Brücke' 의 어원론에 접근하기 위함이다. 하이데거의 가상의 다리에 대한 논설은 아주 중요하기 때문에 다소 길더라도 그대로 인용해보자.

> 다리는 강위에서 "가벼우면서도 힘차게" 흔들린다. 다리는 단지 이전부터 있던 양쪽 제방을 연결하는 것만은 아니다. 다리가 강위에 놓여야 비로소 강변은 강변으로 출현한다. 다리를 통해 양쪽 강변은 특히 서로 마주 놓이게 된다. 다리를 통해 한쪽 편은 다른 쪽편에 대조적으로 놓인다. 강변은 육지의 경계선으로서 강을 따라 뻗어있는 것도 아니다. 다리는 양쪽 강변은 물론이거니와 강변 너머에 펼쳐진 이곳저곳의 풍경['*Uferlandschaft*' ; 이 말은 회화적 의미와 기술적 함축을 둘 다 가지고 있다]을 강으로 가져온다. 다리는 강, 강변 그리고 육지를 서로 이웃으로 엮어준다. 다리는 강 주변 풍경으로서의 땅을 모은다. 이렇듯 다리는 목초지를 지나 강으로 이끈다. 교각은 강바닥에 똑바로 선 채 아치의 흔들림을 떠받쳐주고 있으며, 이 아치 사이로 강물이 자신의 궤도대로 흘러간다. 강물은 고요하고 생기 넘치게 흐르기도 하고, 폭풍우로 하늘에서 폭우가 쏟아질 때나 해빙기에는 아치형의 교각 주변을 급류가 쏜살같이 흐르기도 한다. 이처럼, 다리는 하늘의 날씨와 그것의 변화무쌍함에 대비하고 있다. 다리가 강을 덮고['überdeckt'] 있는 곳에서도, 다리는 강의 흐름을 그 순간 볼트형의 통로 안으로 받아들였다가 그것을 다시금 자

유로이 흘러나가게 함으로써 강의 흐름을 하늘 쪽으로 향하게 한다.
다리는 강물을 흐르게 하는 동시에, 필멸자에게는 강변 양쪽을 오갈 수 있도록 길을 마련해준다. [...] 언제나 그리고 또 매번 다르게 다리는 인간들이 머무르고 발걸음을 재촉하는 길을 내어 다른 쪽 강변에 갈 수 있게 하며, 마침내 필멸자로서 다른 쪽에 이르게도 한다. 필멸자가 다리 통로의 볼트구조를 알든지 모르든지, 그들이 언제나 마지막 다리위에 있으며, 신의 건장함 앞에 스스로를 데려오기 위해 타성에 젖은 삶을 극복하기 위해 노력하고 있다는 것을 알든지 모르든지, 다리는 높은 아치에서든 낮은 곳에서든 강물과 협곡을 가로지르며 흔들린다. 다리는 가로지르는 통로소서, 신 앞에 모은다. 다리의 성스러운 형상 속에서처럼 신의 현전을 명확히 생각하고 가시적으로 감사를 표하든, 아니면 그 신성한 현전을 왜곡하거나 심지어 완전히 배제하더라도 말이다.(1971: 152-153)

은유적 차원에서 작용하지만 하이데거의 가상의 다리는 대체로 세상의 일부로서 실제 물리적으로 지어진 사물의 한 예로 제시된다. 다리에 대한 묘사에서, 하이데거는 주장과 연구방법을 한데 엮어 모든 말의 여운을 다룬다. 하이데거는 그 사례를 뒷받침하면서 의미의 복합적 층위를 제시하였다. 항아리가 사물의 가능성에 대한 하이데거의 주장을 뒷받침하는 적절한 예였다면, 다리는 건립을 논하는데 특히 좋은 예가 된다. 다리의 특성은 사방과의 독특한 연관을 제시한다.

다리는 강을 건널 수 있게 함으로써 인간의 점유를 가로막는 물의 성격을 거부하고, 이웃 거주자들의 경험에서 강의 역할을 재조정했다.

다리는 하나의 사물이며 오직 그것이다. 오직? 이런 사물로서 다리는 사방을 모은다.(1971: 153)

하이데거에게, 다리의 현전, 다리의 존재는 처음 등장한 것보다 인간의 직접적인 경험에 더 엄청난 영향력을 가졌다. 세상에 대한 기술중심적 technocratic 평가에서, 다리를 짓는 일은 그리 큰 일이 아니다. 건설적, 물류적, 경제적 차이를 갖지만 상대적으로 쉬운 일일 수 있다. 하지만 하이데거에게, 다리를 짓는 일은 기술적 편의의 총합보다도 현상학적 의미가 더욱 크다. 수학적 거리에서 제방간의 거리는 멀지 않다 해도, 접근의 실제 문제에서는 멀다. 다리가 없다면, 사람들은 반대편 제방으로 가기 위해서는 더 많이 걷거나 차를 타고 운전해야 한다. 그 지점에서 물을 건널 수 있게 함으로써, 다리는 사람들의 일상 삶의 패턴을 돌이킬 수 없이 변화시켰다. 개인들은 보다 쉽게 일을 얻을 수 있고, 새로운 거래를 맺고, 새로운 친구를 만들고 사랑하는 사람을 사귈 수 있다. 여기에 지어진 오브제와 지어진 사물의 차이가 있다. 주로 시각적 오브제로 다리는 보는 것은 존중받아야하지만, 하이데거적인 사물로서 다리의 의미는 그 물질적 현전이 사람들의 일상 삶들의 요인에 어떻게 영향을 주느냐에 이루어진다. 위의 인용구에서 하이데거의 '오직?' 이라고 묻는 물음은 그가 이런 현상학적 실재에 그 의미를 돌리고 있음을 말해준다.

하이데거는 개인과 사방의 관계를 생각했다. 그는 가상의 다리가 사람들에게 대지, 하늘, 신, 필멸자의 관계를 설정하고 재설정히게끔 힌다고 믿었다. 하이데거의 도식 속에서, 다리가 지어졌을 때 다리는 단지 삶의 경험의 가능성만을 바꾸지 않는다. 다리는 사람과 주변 세상을 매개한다. 강은 땅에서 나온 물질로 이루어져 있고 한쪽 땅, 한쪽 제방과 또 다른 땅, 또 다른 제방을 연결한다. 그리고 다리는 사람들이 땅위 공중에, 다리 아래 빈 공간에 서 있게 한다. 다리 아래 지점은 사람이 땅과 땅 사이에서 있게 하고, 땅을 하늘과 분리되게 한다. 즉, 거처를 제공해준다. 하이데거에게, 다리와 모든 건물은 사소한 것이 아니며, 개인들, 땅과 하늘 간의 관계를 변화시킨다. 건물이 만들어지기 이전에 만약 세상을 하이데거의 사방의 땅—행성으로서, 지평선까지 확장되는 표면으로서—으로 상상한다면, 신비적 시간 속에 인간의 실존은 땅과 하늘과의 한정된 관계 속에 사람을 포괄한다. 그들은 하나 위에, 또 다른 것 아래에 서 있다. 하이데거는 건물은 땅과 하늘을 재배치하고, 거처를 제공하고 극한의 날씨를 피하게 함으로써, 인간을 위해 이런 관계를 변화시킨다고 말한다. 거처의 주된 기능은 거주를 가능케 하는 것이다. 그것은 경작을 가능케 한다. 하이데거에게, 많은 동시대 인간의 활동은 거처의 힘에 의지하고 있지만, 공통적으로 인간의 행동을 가능케 하는 그 힘을 무시하고 있다.

하이데거는 또한 다리는 어떻게 개인이 자신의 상황을 이해하느냐에 영향을 준다고 주장했다. 하이데거적 사물로서 다리는 사람들이 세상과의 관계를 설정하고 재설정하게 한다. 늘 다리를 건너다니거나 다리 근처에 사는 사람들은 그것을 어떻게 이해해야하는지 느끼게 되며, 평범한 일상이 된다. 그리고 그 평범함을 통해 다리는 사람들에게 스스로 주변 세상과 관계 맺는 기회를 제공한다. 하이데거에게, 다리는 개인을 '지탱한다'. 그 구절의 의미는 글자 그대로이자 은유적이다. 하이데거에게, 다리는 그림틀과 같다. 다리를 건너는 대상을 제시한다. 또한 다리를 건너는 사람에게 다리 주변의 세상을 제시한다. 다리는 사람들에게 관계를 통해 주변 세상을 이해하게 하기 때문에 지적으로 중요한 의미가 있다.

다리는 특별한 장소였으며, 심지어 하이데거에겐 성스러운 장소였는데, 다리를 건너는 것은 사색을 하게 만들고 신에 관한 경험을 발견하게 하기 때문이다. 하이데거에게, 일상의 물질적 다리 건너기는 존재에 대한 사유를 반드시 필요로 하진 않는다. 하지만, 다리는 사람과 그 환경 사이를 교류하게 만드는 사물로서, 우연일지라도, 사람들에게 존재에 대해 생각하게 한다. 다리는 세상에서 인간의 실존이 가지는 근본적인 힘을 떠올리게 하는 보이지 않는 잠재력을 갖고 있다.

독일어와 영어에서 장소 정의하기

하이데거는 다리에 대한 논의를 발전시켜 장소 개념을 도입한다. 「건립 거주 사유」에서 장소에 대한 구절은 영어 번역이 중요한 영향을 미쳤다. 하이데거의 장소에 대한 정의를 살펴보기 전에, 짧은 번역문을 먼저 봐야한다.

「건립 거주 사유」에서 하이데거의 핵심인 구절은 독일어로 다음과 같다.

> Raum, Rum, heißt freigemachter Platz für Siedlung und Lager. Ein Raum ist etwas Eingeräumtes, Freigegebenes, nämlich in eine Grenze, griechisch 'peras', Die Grenze ist nicht das, wobei etwas [...] sein Wesen beginnt [...] Raum ist wesenhaft das Eingeräumte, in seine Grenze Eingelassne [...] Demnach empfangen die Räum ihr Wesen aus Orten und nicht aus <<dem>> Raum. (1997: 148)

이 글은 영어로 다음과 같이 각색된다.

> Raum, Rum, means a place cleared or free settlement and lodging. A space is something that has been made room for, something that is cleared and free, namely within a boundary, Greek peras. A boundary is not that at which something stops but [...] the boundary is that from which something begins its presencing [...] Space is in essence that for which room has been made, that which is let into its bounds [...] Accordingly, spaces receive their being from locations, not from 'space'.(1971: 154)
> ('라움', '룸'은 비워진 장소 또는 자유로운 정착이나 귀속을 뜻한다. 장소는 방을 만드는 것, 경계(그리스어로는 peras)내에 비워지고 자유로운 것이다. 경계는 무언가 멈추는 곳이 아니라 ... 그곳에서 무언가의 현전을 시작하는 곳이다. ... 공간은 본질적으로 경계 속에서 방이 만들어지는 곳이다. ... 따라서, 공간은 장소에서 그 존재를 받는 것이지, 공간에서가 아니다.)

「건립 거주 사유」의 독일어 글에서 하이데거는 'Ort', 'Platz'와 'Raum'을 쓴다. 영어판에는 'Ort', 'Platz'와 'Raum'을 'location', 'place'와 'space'로 각각 번역한다. 여기엔 난해한 문제가 따른다. 'Ort'는 영어 'location'보다 'place'에 가장 유사한 말이다. 왜냐하면 'place'가 근거함과 직접성이라는 'Ort'와 동일한 의미를 나타내기 때문이다. 하지만, 하이데거는 독일어 'Platz'도 썼다. 이 말은 'site' 또는 'area'와 가장 유사한 말이지만 'place'로 가장 잘 번역된다. 영어에서 같은 어원을 가지기 때문에 번역사는 'Platz'를 'place'로 번역하기로 선택한 것은 이해할만하지만 이는 'Ort'를 번역할 때 문제가 생긴다. 'Ort'를 영어 번역자는 'location'으로 번역했다. 아래에서 자세히 살펴보겠지만, 여기에서 철학자의 주장은 공간과 장소간의 구별에 초점을 맞추고 있다. 공간은 수학적으로 평가된 '공간' 이 아니라 인간의 경험을 통해 평가된 '장소' 에서 권위를 얻는다. 이 구절의 핵심적 단어는 'Orten' 즉, 'places' 이다. 그러나 영어 번역은 'Ort' 를 'location' 으로, 'Platz' 를 'place' 로 습관적으로 번역하다보니 논점이 혼란스러워진다. 비록 하이데거는 영어에 호의적이지 않았지만, 그가 다루는 장소에 영어가 독일어보다 더 유용하였다. 왜냐하면 영어는 'Ort' 와 'Platz' 의 관련 의미를 포괄하기 때문이다.

번역에 관한 또 다른 점을 제기할 수 있다. 영어에서 'place' 는 동사형—'to place' —을 가지지만 독일어 'Ort' 와 'Platz' 는 그렇지 않다. 영어에서 장소는 하나의 장소가 될 수 있는데 장소 만들기의 행동과 이해 때문이다. 'Raum' 은 독일어에서 동사형을 가지지만 하이데거는 자기주장의 이점을 위해 피하고자 했다. 대신, 그는 'versammeln' 을 사용했는데 이 말은 「사물」에 관해서 위에서 논했던 동사로, 호프슈테터는 '모으다' 로 번역했다. 하이데거가 '모으다' 에 대해 말할 때, 이를 영어 'placing' 으로 번역할 수도 있다는 믿을만한 사례가 있다. 이런 가능성은 독일어에서는 존재하지 않지만 영어는 철학자의 보다 넓은 요점을 반영한다. 하이데거는 사물을 인간 경험에 따른 세상에서 자리 잡은 존재로 언급하기 때문이다.

이후부터 나는 표준 번역을 수정할 것이다. 나는 장소place를 넓은 의미에서 'Ort' 와 'Platz' 를 아우르는 의미로 사용할 것이며 동사 '장소 만들기' 를 사용한다. 이것은 건축적 하이데거주의자들, 크리스티앙 노르베르그-슐츠(1971, 1980, 1988)와 데이비드 시몬(1989, 1993)같은 이들의 영어 책에서 장소에 대한 논의와 부합한다.

장소는 어떻게 생기는가

하이데거는 장소를 또 다른 어원론적 고찰 보다는 가상의 다리와 연관하여 모색하였다.

> 장소는 다리가 있기 이전에 이미 그곳에 있었던 것이 아니다. 물론 다리가 세워지기 이전에도, 무언가에 의해 점유되는 많은 지점들이 강을 따라 있다. 그 중 하나가 장소가 될 수 있으며 다리처럼 그럴 수 있다. 그래서 다리는 그곳에 서 있는 첫 번째 장소는 아니다. 오히려 장소가 오직 다리 때문에 존재하게 된 것이다. (1971: 154)

하이데거에게, 장소는 사물과 건물처럼, 주로 사용과 경험을 통하여 이해된다. 그에게, 다리가 세워지자 다리가 자리 잡은 지점은 다르게 이해되었다. 그 곳은 사람들의 마음속에 다리의 장소가 되었다.

이 인용문에서 하이데거는 다리가 세워지기 전에 어떠했는가를 상상하며, 다리의 기원에 대한 이야기를 들려준다. 이런 근원적 신화의 핵심적 순간은 건설가가 다리를 세울 위치로 그 지점을 선택한 순간이었다. 그 순간을 하이데거는 결정적이라 보았으며, 건축 작가들도 하이데거의 생각을 따라 그것을 논하였다. 크리스티앙 노르베르그-슐츠는 그것을 공간의 '구체화' (1971, 6)로 불렀으며, 사이몬 언윈은 그것을 '장소의 식별 identification of place' (1997, 13-17)이라 불렀다. 무엇이라 부르던 간에 하이데거에게 이것은 건립을 통해 거주가 장소 속에 기입되는 순간이다. 건설가가 제방 위 특정 지점을 다리 놓을 곳으로 선정한 이유는 강의 흐름과 제방 때문이었을 것이다. 그리고 침입자에게서 가장 방어하기 쉬운 장소였을 것이다. 그 이유가 무엇이든, 그 지점이 다리를 놓기에 가장 적합한 장소였을 것이다. 한번 다리가 세워지면, 그 지점은 사람들에게 다리가 세워진 장소로 이해된다. 장소의 최초 식별은 건립을 통해 다른 이들에게도 적용되고 그들의 이해 속으로 흡수된다.

공원의 소풍은 장소 식별의 예가 된다.(Unwin 1997, 15) 소풍 온 사람들은 앉기에 가장 좋은 장소를 탐색할 것이다. 맑은 날씨라면 햇빛아래 자리 잡을 수도 있고 그늘을 선호할 수도 있다. 친구를 찾고자하는 마음에 공원에 있는 다른 사람을 지켜보고 싶을 수도 있다. 그저 참견하길 좋아해서 멍하니 스포츠놀이를 구경할 수도 있다. 넓은 조망을 좋아하는 사람도 있을 테고 보다 한정된 지점을 선택하기도 한다. 모든 이들의 마음에 드는 장소를 찾기까지 우왕좌왕하며 의논을 하기도 할 것이다. 앉을 곳을 잘 찾았다면, 우리 소풍객들은 이제 자리를 깐다. 자리를 보는 쪽으로 갈게 놓을지, 길 쪽으로 길게 놓을지, 어떻게 배치할지를 놓고 의논할 것이며 또 다른 장소 식별을 놓고 동의가 이루어진다. 다음 사람들은 어디에 앉을 것인지 선택할 것이다. 참견하길 좋아하는 사람은 사람들을 지켜보기에 가장 좋은 구석을 선택할 것이다. 서로 싫어하는 사람은 반대편 자리를 선택할 것이고, 어떤 이는 좋아하는 사람 옆에 얼른 앉게 된다. 이런 각각의 선택은 장소 식별을 담고 있다. 마지막으로 우리 소풍객들은 음식을 배치하게 된다. 중앙에 광주리가 놓일 테고 계란을 좋아하는 사람에겐 삶은 계란이 쉽게 닿는 곳에 놓이고, 애주가들은 맥주를 가까이 둔다. 소풍의 구성은 작은 스케일의 장소 귀속하기의 연출이다. 하이데거 식으로 말하자면 땅은 모여졌으며, 소풍은 자리 잡혔다. 수많은 장소들이 소풍 덕분에 존재하게 되었다.

음식을 먹고 난 뒤 치우고 자리를 정리한 뒤에도, 소풍 장소는 소풍객의 마음속에 살아있다. 만약 연인이 소풍에서 처음으로 서로에게 관심을 갖기 시작했다거나, 기억할 만한 소식이 만들어졌다든지, 또는 아주 재밌는 일이나, 특별한 일이 일어났다면 이 모든 것은 공원의 같은 곳에, 같은 방식으로 절대 볼 수 없는 일이 될 것이다. 소풍 장소는 단순히 땅이 아니다. 그것은 소풍이 일어났던 곳으로 기억될 것이다. 기억은 여러 해 동안 지속될 수 있다. '그곳에서 할머니는...' 이라고 말하며 세대 간에 대대로 전해질 수도 있다. 하이데거의 말을 빌리자면, 장소는 소풍이 있기 전에는 없었다. 그러나 소풍이 마음속에 각인된 사람들에게, 그곳은 언제나 소풍 장소로 식별될 것이다. 공원의 다른 장소를 식별했던 다른 사람들은 소풍을 알지 못한 채 그리고 또 다른 사람들이 알아보는 장소를 매일 아무런 느낌 없이 지나칠 수도 있다.

하이데거에게, 이런 예는 사소한 것이 아니다. 그것은 장소 귀속의 활동을 묘사해주며, 방, 건물, 마을, 도시의 구성 형성에 지속적으로 작용하는 것으로 남아있다. 이런 하이데거적 도식에서는, 어떤 풍경에 집의 위치를 선택하는 것은 공원에서 소풍 자리 배열과 크게 다르지 않다. 어떤 풍경에 집이 자리 잡고 지어진다면, 이후 주변에 별채가 배치될 테고 장소에 대한 또 다른 귀속을 갖게 될 것이다. 시간이 지나 이웃집이 생기고 다른 집, 거리, 또 다른 거리가 생기고 그 다음 동네가 형성되고, 시간이 흘러 마을이 되거나 도시가 될 수도 있다. 도시는, 계획되지 않았다 할지라도, 그 배치에서 수 십 만의 장소 식별을 기록한다고 말할 수 있다. 그 중 대부분은 그걸 만든 사람들과 만들어진 이유처럼 오랫동안 잊혀 있다.

하이데거에게, 세상은 많은 종류, 크기, 형태와 규모의 교차하는 장소들로 구획된다. 개인들에게 식별되고 유지되거나 공유된다. 철학자의 전망에 따르면, 훌륭하게도 장소 식별을 포함한 활동은 논리적이거나 체계적이지 않고 주관적이며, 잠정적이고, 변화하며 불확정적이다.

하이데거에게, 어느 장소의 지적인 경계는 사방을 '받아 들이'는 것이다.

> 다리는 하나의 사물이다. 그것은 사방을 자리매김하고 그런 방식으로 사방을 위한 장소를 허락한다. 이것으로써 그 땅은 장소로 결정되고 사방이 들어오는 공간을 제공한다.(1971: 154)

하이데거에게 어떤 곳의 경계는 땅, 하늘, 신과 필멸자와의 특정 인간의 결합을 나타내는 특별한 목적—장소의 귀속—을 위한 것이다. 지적인 경계는 물질적 경계 즉, 건설에 의해 채워질 수 있다. 하이데거에게, 건설–건물 만들기 또는 소풍 자리의 배열 또는 식탁의 배치–은 그것에 현전을 부여함으로써 사방을 세운다. 한 사람에 의해 귀속된 장소는 그 물질적인 구현 때문에 다른 이를 위한 장소가 될 수도 있다. 귀속자의 실존은 장소를 실존으로 가져오는 행위 속에 반영된다. 게다가, 건설 행위는 그 재료가 유래하는 땅과 하늘, 건물이 새로운 방식으로 세상을 점유하게 하는 대상인 필멸자와 필멸자가 반영하는 신을 배치하는 일이다. 하이데거에게, 개인은 건물과 거주를 장소 수용의 매트릭스를 통해 이해한다. '특색 있는 건립은 독특한 거주를 가능하게 한다.'

장소의 가장자리

하이데거는 장소의 가장자리가 어떻게 결정되느냐를 고려함으로써 이런 장소 개념을 확장하였다.

> 공간(Raum)은 정착과 숙박을 위해 비워진, 자유로운 장소를 의미하지요. 공간은 방과 같은 것을 만드는 것, 하나의 경계(그리스어로 peras) 안에 비워지고 자유로운 것입니다. 경계 무언가가 멈추는 곳이 아니라 그 현전을 시작하는 곳이다. 이 때문에 경계는 개념적으로 지평선(horismos)과 같다. 공간은 [...] 방을 만드는 것이며, 그 경계 속으로 들어가게 만드는 것이다. 만들어진 공간은 다리 같은 사물에 의해 즉, 장소에 의해 언제나 무엇이든 받아들이고 또 그것과 연결된다. 따라서 공간은 자신의 존재를 장소에서 받아들이는 것이지 '공간'에서가 아니다.(1971: 154)

하이데거에게 공간은 사람들이 일상 삶속에 들어간 장소의 다양한 귀속을 통해 장소로 구획된다. 하이데거는 사람들의 공간 이해는 그들 주변의 일반적 '공간'의 보다 넓은 맥락 속에서 스스로 식별한 장소의 경험을 따른다고 보았다. 장소 식별은 공간 내에 장소를 둘러싼 일종의 경계를 결정하는 일을 담고 있다. 앞서 보았듯이, 이런 장소 식별은 주로 하이데거에게 지켜보는 사람의 마음속에 있다. 이를 통하여 장소는 공간의 일반성 안에서 개인들에 의해 복잡하고 변화무쌍한 방법으로 특수한 것이 된다. 그래서 하이데거는 공간 자체는 우리가 장소를 둘러싼 경계를 식별할 수 있는 맥락 내에서 이해되어야 한다고 보았다.

이 점이 우리를 둘러싼 세상과 특히 지어진 세상을 이해하는 하이데거의 모델에 핵심이다. 하이데거의 도식에서 우리가 장소를 식별할 때—소풍을 간 장소처럼—우리는 마음속에서 그 주변에 경계를 세움으로써 그렇게 한다. 그것은 마치 우리가 미지의 공간에서 어떤 특정한 장소를 올가미로 붙잡는 것과 같다. 경계는 평면상에 선을 긋거나 올가미의 끈처럼 정확한 것은 아니다. 분명히 물질적 특성과 부합하지만, 보다 모호하고 비결정적일 수도 있다. 하이데거의 모델에서, 우리가 정의하는 장소의 가장자리는 물질적 경계와 결합된다면 보다 분명할 것이다. 벽이나 통로, 강, 건물을 통해서나, 또는 연석을 놓거나, 표면에서 변화를 통해서 미리 경계를 만들어 놓은 경우도 종종 있으며 이와 같이 세상 속에 미리 각인된 경계구분에 따라 장소를 쉽게 식별할 수도 있다. 하지만 정확히 알기 어려운 경계도 있다.

도시에는 가장자리가 모호한 장소가 많이 있다. 그리고 여러분도 자기 경험에서 몇 군데를 떠올릴 수 있다. 예를 들자면, 거리는 그 길이에 따라 아주 다른 성격을 띤다. 내가 예전 카디프에 살던 거리는 공원 가장자리를 따라 난 한적한 가로수 길과 인파가 많은 번화가를 연결한다. 번화가는 차와 보행자가 뒤섞여 정신 사납게 느껴진다. 다른 끝에 있는 가로수 길은 보다 조용한 주택가로, 라임 나무 가로수가 심어져 있다. 거리의 성격은 길이에 따라 두드러지게 변화한다. 번화가 가까이는 보다 붐비고, 더 도시적이지만 가로수 길 근처는 고풍스럽고 교외같이 느껴진다. 가로에 테라스 하우스는 거의 똑같이 지어졌지만, 역시 그 길이에 따라 달라 보인다. 공원 쪽에 가까울수록 앞뜰은 잘 정돈되어 있고 더 단정하다. 하이데거의 도식에 따라 생각하자면, 그 거리의 공원 쪽은 번화가 쪽과는 다른 장소로 느껴지는데 그 성격이 아주 다르기 때문이다. 이웃도 똑같이 느끼는 것 같다. 그래서 부동산 중개인도 공원 가까운 집들은 더

비싸다고 말한다. 그 가격 차이는 깔끔한 도색과 정원 때문이라기에는 훨씬 크다. 하지만, 나는 가로의 한쪽 끝이 다른 쪽 끝이 되는 선을 식별하지 못한다. 여기는 하이데거가 말하듯 쉽게 경계를 그릴 수 없는 곳이다. 경계는 분명 그곳 어딘가에 있다. 왜냐하면 두 장소는 경험에서 뚜렷이 구별되기 때문이다. 그러나 담을 따라 주택의 정원과 가로 간에 선을 그릴 수는 있지만 거리의 양쪽 장소를 경계 짓기는 불가능해 보인다.

하이데거는 사람들이 주변 장소를 식별한다고 느낀 경계를 논할 때 지평(선)이라는 말을 썼다. 그는 내가 살던 가로의 양쪽 지점처럼 계획 도면 위에 쉽게 나타낼 수 없는 가장자리를 생각하고 있었다. 하이데거는 사람들이 주변 장소를 식별하는 결정되지 않은 모서리를 언급했다. 지평선은 땅이 하늘을 만나는 곳이지만, 공간상에서 분명히 위치 지을 수 없다. 지평선에 가는 것은 불가능하다. 그곳을 향해 걸어간다 해도 더 멀어질 뿐이다. 무지개 끝에 있다는 황금단지 이야기처럼, 지평선은 잡으려할수록 멀어질 뿐이다. 장소 식별의 경계중 일부가 물질적 사물에 부합하고 분명히 인식될 수 있다고 해도 대부분은 이런 의미에서 지평선과 같다. 그것은 쉽게 붙잡을 수 없는 신기루와 같다. 하이데거에게 개인은 경험을 통해 그런 경계를 알지만 정확히 위치 지을 수 없다. 그것은 선을 그어 기록할 수 없지만 사람들의 장소 식별에서 핵심적인 것이다.

신기루 같은 지평선은 하이데거에게 장소의 가장자리 그 이상을 의미한다. 지평선은 사람들이 사물과 그들 자신과 타자를 평가하는 맥락에서 은유로서 작용하기도 한다. 영어에서, 우리는 지평이라는 단어를 세상에 대한 평가를 결정짓는 확신을 의미하는 말로 사람의 식견이라는 의미로 쓰기도 한다. 동일한 방식으로 우리는 누구의 지평을 넓혔다고 말하기도 한다. 하이데거도 지평을 이런 의미로 즉 어떤 이의 형식적 교육에서, 일상생활에서, 가족에게서, 익숙한 또는 기억할만한 환경에서 배운 핵심 교훈이라는 의미로 사용하였다. 하이데거에게, 이 모든 사물은 일종의 지평이다. 그리고 땅, 하늘, 신과 필멸자의 사방은 궁극적인 지평이었다.

그런 지평은 실재 또는 상상된 현전을 구성하며 사람들이 그들 자신과 동일시하게 하며 이런 기초에서 주변 세상과 동일시하게 한다. 땅과 하늘사이의 지평선을 정확히 알 수 없듯이, 이런 보다 넓은 은유적 지평도 알 수 없다. 하이데거에게 그런 지평의 이해 불가능함은 삶의 궁극적인 신비함을 드러낸다. 이런 신비는 축복받은 것이다. 이는 하이데거에게, 수학 체계의 권위를 주장하는 지배적인 기술 중심의 세상에서 여전히 경험이 핵심적이라는 말이 된다.

수학보다 경험을 우위에 두다

하이데거는 공간을 사람들이 스스로 장소를 식별하는 맥락 속에서 생각해야 한다고 주장하고 그런 장소 식별이 어떻게 발행하였는가를 탐구한 뒤에, 산술적인 양으로 서술하는 공간 개념에 맞서 자신의 장소와 공간 개념을 제기했다. 그는 계속해서 다리를 예로 든다.

> 다리는 하나의 장소이다. 하나의 사물로서 다리는 땅과 하늘, 신과 필멸자가 그 속으로 들어 올 수 있는 공간을 마련한다. 다리가 마련한 공간은 다리와 멀거나 가까운, 다양한 많은 장소를 담고 있다. 이런 장소들은 측정 가능한 길이로 놓인 단순한 위치들로 간주될 수 있다. [...] 길이 즉, 그리스어로 '스타디온stadion'은 라틴어로 스파티움spatium인데, 이 말은 사이 공간 또는 간격을 뜻한다. 그래서 인간과 사물간의 가까움과 멈은 단순한 길이가 될 수도 있고 단순히 사이 공간의 간격이 될 수도 있다. 스파티움으로 순수하게 재현되는 공간에서 다리는 이제 어떤 위치에 있는 단순한 것으로 등장한다. 그것은 언제든 점유할 수 있거나 간단한 이정표로 대체될 수도 있다. 게다가 간격으로서의 공간에서 다리는 단순히 높이, 폭, 춤과 같은 치수로 추상화될 수 있다.(1971: 155)

철학자의 주장은 대상과 사물을 구별한 것과 관련된다. 그는 현상학적 평가야말로 사람들이 장소를 경험하는 방식을 강조하고, 수학적 추상화보다 세상을 기술하는 데 보다 풍부한 방식을 제공한다고 판단했다.

운동을 수학적으로 기술하는 것은 하나의 도식으로 기능한다. 거리는 종종 3차원적으로 x, y, z축의 증가와 동일한 것으로 매겨진다. 평면에서 수직적 움직임과 수평적 움직임을 기록하는 데에는 차이가 없다. 그러나 이것은 인간의 경험에서는 엄청난 차이이다.(Bloomer and Moore, 1977, 1-2) 사람이 언덕이나 기계의 도움 없이 아주 빠르게 위로 뛰어오르는 것은 불가능하다. 왜냐하면 '위' 로는 공기로 이루어져 있고 중력이 사람의 신체를 땅에 묶어두기 때문이다. 동일하게 '아래' 에는 대개 땅이 있어 신체를 동일한 힘으로 위로 밀고 있다. 상하로 움직이는 것은 땅을 따라 수평방향으로 움직이는 것과는 확연히 다르게 느껴진다. 하이데거에게, 수학적 서술은 이 점을 놓치고 있다. 비록 그들은 수학적으로는 동일하지만, 인간 경험에서는 확연히 다르다. 따라서, 하이데거에게 수학적인 측정은 거리를 가늠하는데 적합하지 않다. 그에게, 공간과 장소는 수학이 아니라 무엇보다 건립과 거주의 인간 경험에 따라 이해되어야 한다. 계속해서 하이데거는 다음과 같이 주장한다.

> 이렇게 추상화 된 것[공간에서 치수로 인식된 것]을 우리는 3차원의 순수한 다면체로 재현했다. 그러나 이런 다면체에 의해 만들어진 방은 더 이상 거리에 의해 결정되지 않는다. 그것은 더 이상 spatium이 아니며 이젠 extensio(연장)에 불과하다. 그러나 extensio로서 공간은 해석-대수학적 관계로 또 한 번 추상화 될 수 있다. [...] 그래서 이런 수학적 방식 속에 제시된 공간은 '공간', 즉 그 자체로 '하나의' 공간이라 부를 수 있다. 그러나 이런 의미에서 '공간' 은 '특정' 공간을 담지 못하며, 장소를 담지 못한다. 우리는 그러한 공간 안에서는 어떤 장소도, 즉 다리와 같은 사물을 발견하지 못한다. [...] spatium과 extensio는 언제라도 거리, 간격, 방향에 따라 사물을 측정할 수 있고 척도를 계산할 수 있게 하지만, 크기extension를 가진 모든 것에 보편적으로 적용가능하다는 사실이 공간과 장소의 근거가 수학으로 측정 가능한 것이라는 말은 아니다. (1971: 155~156)

수학적 수치에 따라 공간을 측정하는 것과 세상에 대한 인간의 경험을 x, y, z축 위의 치수로 보편화하려는 기획에 대해 하이데거가 맞서는 것은 넓은 의미에서 일상생활 속으로 과학적 언어가 침투하는 것에 대한 도전이었다.

하이데거는 1935년 에세이 「형이상학이란 무엇인가?」(1993)에서도 과학적 언어의 만연에 대해 고찰하였다. 그는 '무엇인가' 라고 물음으로써 과학을 의문시하고 있다. 「사물」에서 항아리의 예와 관련하여 무의 신비화를 우리는 이미 살펴보았다. 하이데거가 보기에, 과학에 물든 동시대 언어는 무를 텅 빈 무엇으로 말하는 경향을 가지고 있다. 이는 막연한 서술일 뿐, 신비스러운 부재를 적절히 기술하는 것이 아니다. 그에게 무는 가장 중요한 물음이다. 간단히 말하자면, '모든 것이 어둠속에 가려있으며 존재의 불가사의' (1993, 91)와 같다. 무가 '무엇인지' 물을 수 없다. 왜냐하면 그것은 어떤 것도 아니기 때문이다. 하이데거에게, 과학은 왜 무는 존재하지 않는가에 대해 대답할 수 없다. 왜냐하면 인간 존재를 당연하게 받아들이기 때문이다.

하이데거는 이런 주장을 1969년 에세이 「철학의 종말과 사유의 과제」(1993)에서 확장시켰다. 그는 과학의 기획이 완결된다면 그 이후는 어떻게 될 것인가 묻는다. 삶에 대한 수학 공식이 만들어진다면 삶에 대해 모든 것을 다 알게 될까? 인간의 지적 노력의 동기가 남아있을까? 그는 과학적 언어가 찾을 수 없는 인간 존재의 직관적 측면에서 지속되는 가치를 발견했다. 그는 삶의 확장과 풍부함은 예술과 시학, 그리고 여타 표현수단에서 멈추지 않으며 여전히 행해져야할 많은 사유가 남아 있다고 생각했다. 하이데거에게, 지속되는 가치는 감정과 경험의 영역에서 발견된다.

그런 경험은 인간의 장소 식별에 결정적이다. 기술은 세상 도처에 있는 인간의 나약함을 상기시키는 힘을 약하게 만듦으로써 일상의 기초위에 존재를 제대로 알 수 없게 만든다. 그런 능력은 감정에 호소한다. 사랑하는 이의 죽음을 둘러싼 느낌을 상상함으로써 또는 자연의 힘을 마주 대하는 상황을 생각해볼 수 있다. 감정은 고뇌, 불안, 절망, 상상과 기쁨에서 나온다. 하이데거는 그런 상기시키는 힘이 기술관료 사회와 그 언어에 의해 사라졌다고 주장했다. 가능한 한 빨리 '정상상태' 를 회복하기 위하여 그것은 우발적인 실수로 잘못 간주되었다. 그에게 이것은 미묘함에 대한 일상의 감정적 반응을 대체할 손상된 대체자이며 세상의 힘이다. 감정적 영역에 묶이는 것은 사람들이 관계를 맺는 장소 식별의 매트릭스였다. 넓게 보아, 하이데거에게 과학적 기획과 수학적 추상으로의 경향은 부적절한 것인데, 왜냐하면 감정의 일상적 함축을 설명하지 못하기 때문이다. 하이데거에게 공간을 치수의 산술적 증가에 따라 이해하는 것은 이런 잘못된 환원의 환영하지 못할 징후였다.

개인의 경험을 통해 세상을 이해하고자하는 하이데거의 모델은 수적인 추상보다 더 중요한 함축을 갖고 있다. 대체로 지도나 측량도에 따른 산술적 크기가 아주 강력한 도구임에는 분명하다. 건설, 운항 및 여타 많은 인간의 상상력은 그것에 의존하고 있다. 하지만 하이데거는 산술적 측량이 너무 많은 영향력을 가지고 있다고 말한다. 그것은 인간이 세상을 통제할 수 있다는 매혹적인 환상을 주었으며, 시각적이고 추상적인 것에 의지하게 만들었다. 하이데거는 이것이 건축계에서 너무 쉽사리 건물을 대상으로 바라보게 만들었으며 이보다는 인간의 지각이 더 우선해야한다고 믿었다. 철학자의 도식에서는 공간의 수학적 측정은 목적이라기보다 도구였다. 이를 넘어서서 개인은 장소라는 측면에서 세상을 인식한다.

장소 투영하기

위에서 논하였듯이, 하이데거는 인간이 음속에서 그들 주변의 경계를 지음으로써 장소를 스스로 식별한다고 말했다. 어떤 경계는 예리하고 정확하며 어떤 경계는 잠정적이고 임시적이다. 그에게는 다양한 크기에서 진행되는 장소의 식별은 감정과 경험의 감수성을 아우르는 것이다. 직관적이며 변덕스러운 그런 식별 활동은 분명한 통제의 의미가 있는 수학적 측량으로의 환원에 저항한다. 결정적으로 그것은 사람들의 상상력을 수반한다.

하이데거는 장소 식별에 대한 상상력의 역할을 모색하였다.

> 우리는 멀리 있는 사물을 마음속에 단순하게 표상하지 않습니다. [...] 멀리 있는 사물의 마음속 표상은 우리 마음에 가득 퍼지고 사물을 위한 대체물로 향하게 합니다. 우리 모두가 여기 하이델베르크의 낡은 다리를 생각해본다면, 그 장소에 대한 사유는 여기 참석한 사람들에게 단순한 경험이 아닙니다. 그것은 다리에 대한 우리 생각의 본질에 해당하는 것이며 그 자체로 장소에 대한 거리를 극복하고 있는 것이지요. 지금 여기에서 우리는 일상적으로 아무렇지도 않게 다리를 건너는 사람들보다 저 다리와 저 다리가 만드는 공간에 더 가까이 있을 수 있습니다. [...] 강의를 하러 강의실 문으로 걸어갈 때 나는 이미 강의실에 있으며 내가 그곳에 있다는 확신이 없다면 나는 그곳에 갈 수 없습니다. 나는 신체에 갇혀 여기에만 존재하는 것이 아닙니다. 몸은 여기에 있지만 오히려 나는 그곳에 있으며 나는 이미 공간에 스며들어있고 그래서 나는 그곳을 지나갈 수 있습니다.(1971: 156-157)

하이데거는 지금까지 에세이에서 논했던 가상이 다리를 대신하는 특수한 예로서, 하이델베르크의 낡은 다리를 언급하였다. 이 구조물은 독일에서 유명하다. 하이데거는 당시 강연을 듣던 많은 청중들이 그곳을 방문했으며 마음의 눈 속에 그것을 연상할 수 있다는 것을 알고 있었다. 마치 영국인이 런던 타워 브리지를 마음속에 그리거나 호주인이 시드니 항 다리를 연상하는 것처럼 말이다. 대상 개념과 반대되는, 그의 사물에 대한 정의에 따르면 철학자는 대체로 대상이 순수한 심상으로, 시각적 관념으로 생각되는 것에 도전하고자 했다. 그는 개별자로서 청중의 기억을 다루었다. 그들이 경험했던 하나의 사물로서 하이델베르크의 오래된 다리를 떠올리게 만들었다. 하이데거에게, 장소를 상상하는 것은 상상력을 통해 그들 자신을 그 장소에 투영하는 것이다. 그에게, 하이델베르크의 오래된 다리를 생각하거나 특별한 일이 있었던 소풍을 생각하거나 집에서의 저녁 식사를 생각하는 것은 다리나 소풍 또는 식탁의 경험을 기억하는 것과 같다. 철학자에게, 그것은 지금 여기에서 우리 마음속 그곳으로 상상적 투영을 하고 있다. 시각적인 이미지를 생각하기 보다는 경험에 의해 감정적으로 우리는 장소의 실재와 의미를 평가하게 된다.

하이데거의 도식 속에는 이런 상상적 투영이야말로 우리가 장소에서 기억에 남는 특별한 일, 그곳에서 벌어졌던 기억나는 사건들, 그와 연상되는 사람들, 심지어 그것에 대해 우리가 만들었던 허구적인 일까지 생각나게 한다. 이런 방식으로 우리는 장소와 가깝게 되는 것이라고 그는 주장하였다. 여기에서 그는 삶의 사방적 조건과 관련되는 「사물」에서 가까움에 대해 논했던 것을 연상시킨다. 그에게 가까움은 산술적으로 판단할 수 있는 것이 아니었다. 오히려, 그것은 어떤 장소, 어떤 것, 또는 어떤 사람에 대해 경험과 거주에서 유래하는 감정적 애착의 느낌이었으며 대지, 하늘, 신성과 필멸자의 맥락에서 이해되는 것이다. 하이데거는 멀리 있지만 가깝게 느낄 수도 있으며 손닿을 듯 가깝지만 멀리 느껴질 수도 있다고 말했다. 이런 식으로, 상상의 장소, 잃어버린 장소 또는 아직 방문하지 않은 장소도 실제 장소처럼 직접적일 수 있다. 이런 장소들은 세상과의 마음의 교류를 통해 여전히 동일한 틀에 따라 식별된다. 그러나 하이

검은 숲의 농장 집은 토트나우베르크에 있는 하이데거의 오두막과 가까이 있는 검은 숲의 농가, 이집은 오늘날 호텔로 사용되고 있다.

데거의 말에서, 지평으로서의 경계의 영역 속에 들어가기에는 동떨어져 있다. 그들의 경계는 물리적 사물에 자리 잡기보다는 주로 마음속에 있는 것이다. 예를 들면, 잘 듣고 보지 못하는 나이든 사람들은 오래전 모든 인식을 변화시켜온 장소와 그곳에 살았던 오래전에 죽은 사람들과 생생한 친밀감을 가질 수 있다. 그들은 상상적 투영 속에 때로는 현재 시간과 장소보다 이런 장소와 사람들과 더 가까이 있다. 현실의 압박에서 멀어짐은 우리를 현시점에 더욱 묶이게 할 우려가 있으나 하이데거의 사고방식에는 이것은 필연적인 실패가 아니라 다른 의미의 가까움이다.

하이데거에게, 우리를 둘러싼 장소의 탐색은 건물, 가로, 풍경의 직접적인 물리적인 환경에 따른 장소의 식별 못지않게 상상력과 기억을 통해 평가받는 장소의 투영적 식별에 관련된다. 각각의 개인이 기억하고 있는 세상의 지평은, 하이데거에게, 경험과 정주를 통해 이해되는 다양하게 변화되는 방식 속에 구성된다. 어떤 장소는 합리적이며, 직접적이고 물질적으로 얽매여 있으며 또 다른 장소는 보다 직관적이며, 비결정적이고 상상적이다. 하이데거에게, 모든 이의 친밀함에 대한 개별적 의미는 물질적 위치와 상상력간의 지속적인 교류에 있다.

검은 숲 농가

하이데거는 「건립 거주 사유」에서 마지막으로 독일 남부 검은 숲의 가상적 농가를 예로 든다. 검은 숲 농가는 그 글을 압축하는 요약과도 같은데 다음과 같은 하이데거의 핵심적 주장을 담고 있다. 첫째, 건물과 거주의 결합은 세상 속 사물과 이미 밀접히 연관되어 있다. 둘째, 건축은 예술 오브제의 제작과 정반대의 것으로 인식된다. 셋째, 대지, 하늘, 신성과 필멸자라는 특유의 사방은 건물과 거주가 채우는 존재의 첫 번째 조건이다. 넷째, 장소의 개념은 어떻게 사람이 자신을 둘러싼 세상을 경계 짓느냐에 대한 설명을 제시해준다. 다섯째, 기술 중심적 관점에 대한 비판적 논평인데, 하이데거는 기술 중심적 관점이 수학 중심적 체계를 과장하고 개별 인간의 느낌과 경험의 우선성을 깎아 내린다고 보았다. 건축을 생산에 초점을 맞추고 시간에 우위를 두는 것을 우려하면서 하이데거는 *'우리가 거주할 수 있어야만 그 다음 우리는 지을 수 있다.'* (*이탤릭은 하이데거가 한 것이다.* 1971, 160)고 주장하며 검은 숲 농가를 소개했다.

하이데거가 불신했던, 대상에 초점을 맞춘 건축 역사의 어법에서 검은 숲 농가는 '토속 건축 양식' 으로 기술될 수 있다. 역사가들은 이런 집들을 여러 특성에 따라 범주화한다. 나지막한 처마를 가진 거대한 모임지붕은 4층 높이의 볼륨을 감싸고 있으며, 이는 겨울철 폭설에 대비하기 위함이다. 상대적으로 작은 비례의 평면은 인간적인 거주를 위함이고 나머지는 축사와 건초나 여타 생필품 창고로 쓰인다. 이것은 인간과 동물이 혹독한 산악 추위에 온기를 나누고 저장 재료의 열용량을 최대한 보존하게끔 한다. 건립은 대체로 목재 프레임으로 짜이며 목재 지붕널을 지붕과 벽체에 걸어서 만들어진다. 집안의 가장 큰 공간은 거의 언제나 식당이며, 중심에는 *가족 식탁Familientisch* 또는 *공동 식탁gemeinsamer Tisch*이라고 불리는 식탁이 위치하는데 그곳에서 가족과 친지들이 식사를 한다. 이를 제외하면, 집안 구석에는 성상과 초가 놓인 가톨릭 제단이 있다. 이는 헤르고츠빙켈Herrgottswinkel 즉, '하느님의 자리' 라고 불리는데 그 아래에 집의 가장으로서 아버지가 식사시간에 앉게 된다. 많은 농가들은 또한 Totenbrett 또는 Totenbaum이 외부에 있다. 이는 위 표면이 평평한 통나무로, 부분적으로 땅에 묻혀있는데, 가족의 사망 시 관으로 사용된다.

가상의 검은 숲 농가에 대한 하이데거의 설명은 부분적으로 토트나우베르그에 있는 자신의 산장 이웃집에 대한 경험에서 나왔다.

> 검은 숲einen Schwarzwaldhof 농가를 잠시 생각해보자. 농부가 거주하기 위해 bäuerliches Wohnen 약 200년 전에 지어졌다. 여기서 힘의 자족성이 대지, 하늘, 신성과 필멸자를 단순히 하나로 정연한 집안 사물 속에 들어가게 한다.

가까이 샘이 있는 목초지 사이에 남향으로 자리 잡아 바람막이 산비탈에 위치해 있다. 넓고 거대한 지붕은 적절한 경사를 가져 눈의 무게를 견디고 아래쪽 깊이 드리워져 긴 겨울 밤 폭풍을 막아 침실을 보호한다. 저녁 식탁 뒤편 구석 제단을 잊어선 안 된다. 이는 출산과 사람들이 관이라 부르는 '죽은 자의 나무Totenbaum'을 위한 성스러운 장소가 실내에 만들어진다. 이런 방식으로 출생에서 죽음에 이르기까지 한 지붕 아래 여러 세대들이 시간의 여정을 보내게 된다. 거주에서 비롯된 공예는 여전히 도구와 장비를 사물로서 사용하고 농가를 지었다.
우리가 거주할 능력이 있어야만 비로소 우리는 지을 수 있다. 검은 숲 농가에 대한 언급은 우리가 그런 집을 짓는 일을 해야 하거나 돌아갈 수 있다는 뜻이 전혀 아니다. 그보다는 지금까지 존재해온 거주에 의해서 그 건물이 어떻게 지어질 수 있었는지를 말해준다. (1971: 160)

하이데거는 이 가상의 집에서 건립과 거주가 조화되어 있다고 생각했다. 그는 건립을 거주자의 일상 즉, 지역성과 기후와의 관계에 따른 이런 일상의 물질적, 사회적 미세 조직화에 의해 설정된 역동적인 총체의 일부로 이해한 것으로 보인다. 하이데거의 농가에 대한 구절은 많은 의미가 농축되어 있으며 그의 주장의 세밀한 부분에 주목할 가치가 있다.

하이데거가 쓰길, 그 농가는 "농부가 거주하기 위해 [...] 지어졌다." 그는 건립이 1차적이며 이후 거주가 뒤따른다는 통념을 뒤집었다. 철학자는 건립과 거주는 하나로 진행되는 활동으로 결합되어 있다는 자신의 주장을 상기시켰다. 그 장소에 거주의 욕구—대지와 기후라는 측면 뿐 아니라 일상생활을 유지하는 데 필요한 것이라는 측면에서—는 집을 계획하는데 결정적인 것이었다. 거주의 욕구는 오랜 기간 집이 어떻게 지어지고 다시 지어지는지를 설정했으며, 거시적인 것에서 미시적인 것에 이르기까지—새 건물의 증축에서 식탁의 배열에 이르기까지 모든 것을 포괄하며—다양한 스케일로 변화되고 적용되어 왔다. 건립과 거주간의 구별은 없으며 어떤 식의 완성도 있을 수 없다. 상호 배열에서 건물의 장소는 또한 어떻게 거주가 여기서 형성되는지에 대해 많은 것을 결정한다.

특히 거주자의 생각과 행동의 결합을 통해 거주는 그 농가의 배치를 낳았다고 하이데거는 주장했다. 건립은 대지. 하늘, 신성과 필멸자를 하나로 모으며—위치 지으며—사방은 거주자가 거주하는 방식에 의해 충족되었다. 그 농가는 '대지 위에' 그리고 '하늘 아래' 서 있으며, 첫 번째 거주자는 직접적인 환경에서 얻은 재료를 사용하여 만들었다. 그 건물의 목재, 지붕과 돌은 땅에서 유래했으며 그 유래는 또한 하늘에서 나온 빛과 열에 따른 것이다. 겨울 바람이 얼마나 차가운지 알았던 하이데거의 가상의 거주자들은 지형에 따라 그 힘이 자연스레 약해지는 지점을 선택하였다. 땅이 극한의 온도를 완화시킬 수 있음을 깨달은 그들은 산비탈 가까이 집을 지었다. 태양의 따뜻함을 느끼면서 그리고 그 빛이 어떻게 퍼져드는지 보면서 그들은 집의 정면을 남향으로 자리 잡았다. 그들은 땅에서 일하고, '땅' 의 농작물과 가축을 길러 생계를 유지하였으며 농지 근처에 집을 지었다. 땅을 파서 샘에서 물을 끌어왔으며 그 근처에 살게 되었다. 뒤집어 말하자면, 하이데거에게 궁극적으로 '그 집을 질서 짓는 것' 은 거주자가 아니라 사방이었다. 인간의 매개(자기 행동에 대한 사람의 통제)는 여기에 전적으로 채워지는 것이 아니며 사방과의 교섭에서만 그러하다. 철학자에게, 그것은 농가의 거주자들과 건물과 풍경은 자족적이라는 것이 중요하다. 이는 히피적 환상이 아니라 의미의 원천으로서 인간과 그들 삶의 양식들, 지역성과 전 세계간의 적절한 매개를 통해 도달되는 것이다. 이런 윤리성에서 자연의 힘은 개인보다 더 위대한 것이다.

하이데거에게, 농가는 존재의 탁월함과의 특권적인 접촉을 허락한다. 농가의 거주자는 통과 의례와 진부한 일상생활을 통해 자신의 죽음을 피할 수 없는 숙명mortality을 드러낸다. 그들은 집에 특별한 장소(식탁, 관의 안치, 신의 자리 등)를 만들며 그곳에서 특히 탄생과 죽음과 같은 세월의 흐름을 기념한다.

공동식탁gemeinsamer Tisch은 하이데거의 도식에서 특히 의례적인 식사의 배치를 위해 만들어졌다. 식탁 배치의 변화는 오랜 시간 그곳에서 누구를 만났고 음식을 나누며 모임을 축복하는가하는 흔적을 따른다. 그것은 식사하는 사람들의 존재를 알려준다. 음식 사이 빈 자리는 가족이 돌아오길 기다리고 있다. 식사시간마다 매번 식사가 차려지고 치워졌다. 그릇, 잔, 포크와 나이프가 각각의 사람들에게 놓이고 사용되며 설거지되었다. 그 장소는 식탁의 위치 내에 사람과 사물을 위해 설정되었다. 이것은 하이데거의 말을 빌리자면 거주자의 욕구에 따라 통상적으로 조직되고 점유되거나 지어졌으며 건물의 배치에 따라 머무르게 된다. Totenbaum 같은 것은 사용을 예비한 것이다. 하이데거에게 그것은 궁극적으로 죽음을 향해 살아가는 생명체의 지속적인 상가자이자 그곳에서 삶을 영위했던 조상을 떠올리게 하는 현전이다. 헤르고츠빙켈 Herrgottswinkel(역주—성상을 안치해 놓은 구석)의 가톨릭 도상은 식탁을 감독하는데, 마치 시간의 흐름에 대한 표시 같다. 하이데거에게, 변하지 않는 의례와 의식은 일상생활의 끊임없는 변화를 지탱해주는 지속성의 의미를 준다. 음식 사이의 빈 의자가 식사자의 현전을 기다리는 부재인 것처럼 제단은 강력한 부재로 상상되었다. 하지만 그것이 나타내는 현전은 궁극적으로 불가해한 것이었다. 그것은 신비스러운 무(無)의 토템이었고 존재의 지속적인 동반자이자 의미의 주요한 장소로 남아 있다. 제단은 또한 좋든 나쁘든 가족 간의 나이와 성별에 따른 역할을 못 박으며, 천주교의 엄격한 위계를 드러낸다.

철학자의 건축 모델에는 이런 장소들은 그곳에 거주하는 개인들의 지평에 따라 물질적이자 상상적으로 식별되며 이해된다. 이런 장소에 대한 인식은 복합적이었다. 어떤 측면은 거주자 사이에 공유되고 어떤 측면은 보다 개별적이었다. 하이데거는 거주자에게 거주지에 위치한—일상적이거나 성스러운 특성을 지니는—이런 장소들은 존재와 신성에 대해 친밀하게 여겨진다고 말한다. 그런 장소들은 가까움의 의미를 실감나게 만든다. 그 장소들은 거주자에게 그들 삶의 중심 또는 다양한 중심들을 식별하게 한다.

하이데거는 농가가 그 거주자 거주생활의 '밑그림을 그리'는 동시에 거주자의 기념비가 된다고 말했다. 하이데거는 거주자의 거주가 시간의 흐름에 따라 건물의 구축과 그곳에 자리 잡은 생활용품에 기록된다고 보았다. 철학자에게, 건물은 풍부한 통찰력을 주며 '오랜 경험과 끊임없는 실무의 작업장' (1971, 161)이 된다. 건물의 배치는 물리적으로 건물의 구축과 사용에 담겨있는 이해를 알려주며 사람들이 찾고자 하는 건립자의 생각에 대한 통찰을 제공해준다.(Gooding, Putnam, Smith 1997) 이런 건축 모델에서 건물은 오랜 기간 건물을 짓고 개조하는 행동 속에 담긴 장소와의 마음의 교류에 대한 기념비이다. 모든 구조물은 거주의 연속적인 층들이 새겨진 각인을 담고 있다. 농가에 대한 기술을 통해 제시된 것처럼 사람들은 건축적 토론 게임에 지속적인 참여자로 남아있다. 모든 페인트의 층, 모든 드릴 자국, 벽에 부착한 고리나 구멍은 마치 고고학자에게 단서를 제공해주는 검게 그을린 목재나 조각된 돌과 유사하다. 하이데거에게, 검은 숲 농가는 물질적 형태로 된 생활 속 일상 공예를 뜻한다. 현학적인 철학에서 멀리 벗어나 이런 공예는 개별 인간의 상상력으로 건물과 거주를 통하여 주변 장소와의 교류에서 얻은 이해를 담고 있다. 하지만 하이데거는 제작과 생활의 공예가 의미를 전달하고 있으며 철학적 권위를 가지고 있다고 말했다. 그에게, 건설 활동과 거주의 결합은 사유가 된다. 그 활동들은 일종의 말로 하지 않는 철학으로서 서로 연관되어 있다.

가상의 농가는 다른 집들에서 도출해낸 것이라고 하이데거는 말한다. 그 집을 만든 사람은 기성 건물의 원천을 이용하여, 다른 이들이 시험한 건물에서 배웠다. 그들은 형태의 재창조에는 관심이 없었다. '있어 왔던' 거주를 통해 거주자들은 '지을 수' 있었다고 하이데거는 주장했다. 그 농가는 하이데거가 말한 사물로 만들어졌으며 '거주가 낳은 [...] 수공예' 속에 거주자를 수용하고 있다. 사람들이 그 집에 익숙한 이유는 그 집이 주변 세상과 의미를 만들게 돕는 도구가 되었기 때문이다. 그 장소는 경험을 통해 인식되었으며 바깥세상을 탐구하기 위한 기준틀이 되었다. 「건립 거주 사유」에서 이용자의 삶과 그 대지를 다시 맺어주었던 다리처럼, 거주자는 농가의 장소와 주변 세상을 연관시켜 지속적으로 다시 관계 맺었다. 하이데거에게, 그 집은 대지의 일부, 물리적 표지로서 장소가 되었다. 그 집은 사람의 활동을 자리매김하고 그 자체를 이해를 위한 도구로서 제시함으로써 하나의 장소가 되었다.

농가의 독특한 질서가 하이데거에게 가장 중요한 것이라고 말할 수 있다. 이런 질서는 메스키르히에서 종치는 일을 하고 성가대원으로 지냈던 하이데거의 유년기 삶을 특징지었던 역사적 시간의 맥락에서 통과 의례와 같았다. 당시 그는 축일과 축제, 세례식, 결혼식과 장례식 등의 일정에 따라 짜인 생활을 보냈다. 하지만 하이데거의 농가는 천주교의 예식보다는 일상생활의 예식에 맞다. 당시 머물던 산장에서 하이데거는 글쓰기, 생활하기, 먹고 자기의 일상 속에 자연과 사계절이 합일된 삶을 살았다. 하이데거는 검은 숲 농가에서 건립과 거주는 자족적 통일체임을 알게 되고 사방세계가 복합적인 장소 식별에서 결정적인 동반자인을 발견한다.

그 농가는, 하이데거가 옹호했던, 일상생활 속에서 철학적 작업을 발견하고 이를 표현하는 품성ethos을 설명해준다. 하지만, 그는 '그런 집을 짓는 일로 돌아가야 하는 것도 아니며, 돌아갈 방법도 없다' 고 말한다. 그 농가가 대표하는 삶은 이미 지나갔음을 알기에, 하이데거는 비록 특정하지는 않았지만, 건립과 거주의 질서가 새로운 방식으로 교정되어야 함을 역설했다. 그에게, 집은 '지금까지 존재해온 거주에 의해서 그 건물이 어떻게 지어질 수 있었는지를 말해' 준다. 이는 건설의 산물을 예술적 대상으로 집착하는, 건축에 대한 지배적인 기술 중심적 모델에 맞선 최고의 대안을 말해준다. 하이데거는 당시 청중들에게 현대인의 삶에서 농가의 질서의 교정에 대한 어떤 해법을 남겼다. 그는 다음과 같이 결론을 맺었다.

> 주택 부족이 아무리 힘들고 고통스러워도, 아무리 우리를 옭아매고 위협한다 해도 거주의 실제 곤경은 단순히 주택부족에 있지 않다. [...] 거주의 실제 곤경은 인간이 거주의 본질을 다시 배워야 한다는 사실에 있다. 만일 그렇다

> 면, 지금 우리는 거주의 실제 곤경을 제대로 생각하지 못하는 건 아닐까? 반대로, 인간이 집 없음의 실제 곤경에 대해 생각하는 즉시, 그건 더 이상 애석해할 일이 아니게 된다. 바르게 생각하고 이를 명심한다면, 단하나 요청해야 할 일은 그들의 거주에 필멸자를 부르는 것이다.(1971: 161)

이 마지막 문장은 「건립 거주 사유」의 도덕적 차원에 대한 마지막 설명이다. 건립과 거주는 도덕성의 문제였으며 하이데거는 자신을 그들의 지평을 가장 잘 밝힐 수 있는 도덕주의자로 인식했다.

낭만적 지역주의

하이데거의 검은 숲 농가는 낭만주의와 고풍주의 성향에 대한 두드러진 예이다. 그의 주장은 그 농가의 특정한 기풍이 사라졌다는 그의 말은 노스탤지어에 대한 홍분이 쉽사리 비판받는다는 것을 예언했다는 뜻이다. 비록 하이데거는 그 질서가 새롭게 되찾아야한다는 점을 명확히 했지만 그 질서는 확실히 도시 생활보다는 시골의 삶에 보다 잘 맞는 것이다.

철학자 알베르트 보르그만Albert Borgmann은 하이데거 글쓰기에서 지역주의와 세계주의라고 부른 것에 대해 글을 쓴 바 있다.(Borgmann 1992) 세계주의와 지역주의는 세상에 대한 입장을 말하는 것인데 종종 서로 대척점에 있는 것으로 간주된다. 두 입장 모두 상대방을 희화시키곤 한다. 세계주의자는 지역적인 것을 근친교배적이며, 내성적이고, 차별적이며, 낭만적 신화에 의지하는 경향을 보이는 등 배타적이라고 묵살해버리곤 한다. 지역주의자들은 세계주의자들을 유행과 시스템의 우월감에 사로잡혀 있으며 스스로 허황된 영웅심과 전문가 우월주의의 변덕스러운 강박관념에 사로잡혀 착각에 빠져 산다고 비난한다. 하이데거의 검은 숲 농가에 대한 낭만적 이해는 확실히 지역 주의적 특성을 지닌다. 아울러 우리는 하이데거가 기술 중심적 관점에 맞서 세계주의를 조롱하는 것을 싫어하지 않았음을 보았다. 반면 보르그만은 「건립 거주 사유」의 지역주의를 '비판적이며 긍정적' 이라고 부르며, 그 에세이는 세계주의적 특성을 가진 사례를 주장한 논평자들에 의해 공격받았다고 말한다.

그런 비평가중 한 사람이 건축 이론가 네일 리치Neil Leach이다. 리치는 하이데거의 지역주의에 대해 다음과 같이 글을 쓴다.

> 정체성[...]은 영토화되고 지리학적 영토위에 나타난다. 개인은 그자체로 신화적인 동일시의 과정 속에 땅과 하나가 된다. [...] 자연으로의 이런 융화 속에 차이는 억눌리고 새로운 정체성은 대지와 융합된다. 따라서, 우리는 파시스트 이데올로기에서 볼 수 있는 자연적 현상—폭풍, 피, 토지—에 대한 지속적 언급을 발견한다. [...] 정체성이 토지에 뿌리를 두고 있다는 맥락에서 그 토지에 뿌리를 두지 않은 무리는 배제되게 된다.(1998: 33)

리치에게, 거주와 장소에 대한 연구는 필연적으로 정체성의 문제로 연결된다. 그는 하이데거의 글이 특정장소와의 친밀감을 강조하고 있는 순간을 거론하며, 장소 개념이 귀속의 느낌을 나타내는 것은 파시스트적 경향을 지닌다고 주장한다. 리치에게, 개인들 그룹은 그들이 그곳에 속한다고 느끼는 장소와 유대를 가진다. 여기에서 타자는 그곳에 속하지 않는다고 간주될 가능성이 따르며 이상한 사람 또는 이방인에 대해 비관용적이 될 수 있다. 장소에 대한 귀속의 극단은 그래서 이방인이라 인식된 사람에게 박해로 볼 수 있다.

리치는 또한 하이데거 가상의 농가가 지닌 낭만주의에서 성별gender에 대한 비관용을 발견한다. 쟝-프랑소와 료타르Jean-Francois Lyotard의 저작에서 영향을 받아, 리치는 '"도무스"의 신화' 즉, 집의 현상을 현대의 '거대도시megalopolis 시대' (Lyotard 1991)에 도시 생활의 보다 소외된 모델과 대비시킨다. 리치에 따르면 집에 대한 이런 신화적 이미지는 전통적 집의 배치를 제안한다.

> 바깥주인과 안주인dominus와 domina, 하녀ancilla같은 도무스의 집안 위계는 마치 자연적 질서를 가지는 것 같다.(Leach 1998, 34)

그에게, 집에 대해 이야기하는 것은 여성을 집안 살림을 하는 사람으로 간주하는 사고방식을 암시한다. 사실, 우리는 하이데거가—결혼생활을 시작한 다름슈타트에서 「건립 거주 사유」 논쟁 이후 보충하였던 그의 발언으로 알려진(Harries 1996, 106)—남자의 일을 기술로 연관시키고 여자의 일을 방적 공간에 연관시키는 것을 보았기 때문에 확실히 하이데거의 생각이 페미니스트적이라고 보긴 어렵다는 것을 알고 있다.

료타르를 따라서 리치는 가정집 즉 '도무스'는 여성에서 이방인이라 불리는 이들에 이르기까지 여러 종류의 '타자들'을 배제하거나 착취하는 경향을 지닌 위험한 신화라고 주장한다. 리치에게 그 질서는 이제 상실되었으며 '거대 도시'가 대체했다. 그와 더불어, 귀속의 의미는 집과 태어난 나라에서 일터와 살고 있는 나라로 변화된다. 그에게, 이런 변화는 슬퍼해야할 것이 아니라 기뻐해야 되는 것이다. 지역주의에 대한 전형적인 세계주의자의 비판으로 그는 장소를 집과 가정생활로 동일시하며 그것을 위험한 것으로 간주하고 배척하였다.

이런 비판에 직면한 하이데거의 나치즘에 대한 연루는 장소에 대한 하이데거의 생각을 쉽게 옹호하기 힘들다. 검은 숲 농가의 지역적 특색 속에 드러나는 낭만주의는 건축에 대한 하이데거의 글에 퍼져 있다. 낭만주의자들이 대부분의 문화에서 망상가가 되고 말았지만 낭만주의는 독일에서 더욱 문제시된다. 20세기 초 프리드리히 횔더린, 요한 고트프리트 폰 에르더와 프리드리히 니체 같은 일군의 작가들이 나치즘으로의 특별한 길을 열었으며 이들이 설립한 지적 공간이 히틀러의 인종차별적 수사에 침입 당했다는 주장이 있어왔다.(Blackbourn and Eley 1984, 1-35) 확실히, 낭만적 지역주의와 독일적 기원은 나치즘 기간뿐 아니라 그 전후에도 하이데거의 글에 어렴풋하지만 광범위하게 나타난다. 아울러 건축에 강한 영향을 미쳤던 검은 숲 농가의 예에서 특히 그러하다. 리치가 보여주었듯이, 하이데거의 저서와 그의 건축에 대한 사유는 쉽게 연관된다.

「...시적으로, 인간은 거주한다...」

여기에서 탐구할 하이데거의 세 글 중 마지막 책의 제목은 '...시적으로, 인간은 거주한다...'라는 프리드리히 횔더린의 시구에서 따온 것이다. 이 글은 두 가지 다른 에세이와 연결되지만 또한 그것과 독립되어 있다. 문학 청중을 대상으로 한 이 글은 세 글 중 가장 수사가 화려하며 구체적인 예와 가장 연관이 적다. 그 글은 어떻게 사람들이 자기 주변의 사물을 '평가measure' 하고 어떻게 세상의 의미를 만드는지 설명함으로써 하이데거의 건축에 대한 사유를 제공한다.

「...시적으로, 인간은 거주한다...」는 바덴바덴Baden Baden 위쪽 산에 위치한, 우아한 뷜러 회에Bühler Höhe 온천에서 열린 강연에서 처음 나왔다. 칼 오르프, 에밀 프레토리우스 그리고 배다 알레만을 위시한 전후 독일 문화계의 유명 인사들이 행한 수요 저녁 강연 시리즈 중 하나였다. 온천 손님과 문학에 관심 있는 마을 주민을 대접하기 위해 리조트는 그런 방문객을 초대하였다. 하이데거의 글은 1954년 학술지 악첸테Akzente: Zeitschrift für Dichtung에 처음 출판되었으며 「사물」과 「건립 거주 사유」가 실린 책 강연과 논문Vorträge und Aufsätze에 다시 출간되었다.

「...시적으로, 인간은 거주한다...」, 독일어로 '...dichterisch wohnet der Mensch...'는 횔더린의 시구를 해석한 것으로 하이데거가 제목으로 선택했던 시구에서 나왔다. 독일어 'Mensch'는 영어 'Man' 보다 특정성을 지칭하는 뉘앙스가 약하고 '사람' 이라는 뉘앙스가 더 강하다.

하이데거는 시의 개념을 설명하였다. 그에게, 시는 모든 인간의 지적 창작물을 가리키는 것으로 매우 폭넓게 정의된다. 시는 건립과 거주—「건립 거주 사유」에서 단일한 동시적 활동으로 간주되었다—에 연결되는데, 그 권위에서 유래된 것이다. 하이데거는 건립과 거주는 언제나 존재의 의미를 만들려는 시도에 속하는 것이었으며 그래서 시적이었다. 그는 그런 시도는 측정measuring—환경에 대한 인간의 경험을 서로 동시에 판단함으로써 통찰에 도달하는 활동[3]—을 통해 적절히 그리고 시적으로 일어난다고 생각했다. 하이데거는 연구를 위해 사물을 분리시키는 과학보다, 측정은 사람을 사물과 세상에 연결시키는 구성적 통일을 통해 일어난다고 보고 이를 옹호하였다. 이런 통일은 이미 「사물」과 「건립 거주 사유」에서 논의했던 존재의 전제조건인 사방과 연관된다. 하이데거에게 이런 전제조건의 통일에서 시와 거주는, 개인이 자기 환경의 의미를 만드는 데 기여하면서, 서로의 강력한 척도로 남아 있다.

시적 척도

척도라는 용어는 「건립 거주 사유」에도 등장하지만 하이데거는 이 말을 「...시적으로, 인간은 거주한다...」에서 확장시켰다. 하이데거는 횔더린의 '...시적으로, 인간은 거주한다....'는 말에 문제제기를 하며 시작한다. 그는 다음과 같이 묻고 있다.

> 어떻게 '인간'이 [...] 시적으로 거주한다고 말할 수 있을까? 모든 거주는 시적인 것과 모순되지 않는가?(1971: 213)

하이데거는 「건립 거주 사유」의 시작 화제를 다시 거론하며, 동시대 거주는 전후 주택 부족으로 곤경을 겪고 있다고 주장했다. 그는 거주가 시와 멀어진 이유는 경박한 시인의 작품과 생산에만 관심 있는 출판계의 '문학 산업'으로 대중적 인식에서 멀어졌기 때문이라고 한탄했다.(1971, 214) 하이데거는 시의 어원 포이에시스poiesis는 그리스어에서 만들기에 해당하는 말이라고 설명하며, 이를 통해 시를 거주와 연결시킨다. 그래서 모든 만들기는 일정 정도 시를 아우르는 것이다. 또한 시가 반드시 말

3) 역주—measure는 판단 또는 평가라고 번역하는 것이 보다 적절하겠지만 하이데거는 이 말을 수학적 측량과 연관하여 사용하고 있다. 따라서 그 뉘앙스를 살리기 위해 문맥에 따라 척도 또는 측량, 평가라고 번역하였다.

로 이루어져야 할 이유는 없다. 하이데거는 그래서 일반적으로 생각하듯이 시와 거주는 모순되는 것이 아니며 오히려 적절한 거주는 무엇보다 시적이라고 주장했다.

하이데거는 시를 특수한 종류의 언어라고 보며 사람들은 언어와의 관계를 잘못해석하고 있다고 말한다. 이것은 사람들이 말을 통제할 수 있다고 생각하는 데에 잘못이 있다. 사람과 말의 권력관계는 뒤집어졌다. 그는 '인간은 언어에 대해 능통하며 주인인 것처럼 행동하지만 사실은 언어가 인간의 주인이다.' ((1971, 215)고 주장한다. 이에 관하여 리차드 폴트는 하이데거가 언어에 대한 두 가지 통념에 도전하고 있다고 말한다. 첫째, 언어는 한 사람이 다른 사람과 정보를 나누기 위해 사용하는 도구라는 것이고 둘째, 세속적 언어가 정상이며 보다 시적인 언어는 다소 이상하며 부차적이라는 것이다.(1999, 199) 하이데거는 언어가 인간을 능숙하게 통제하고 있으며 표현의 가능성을 조작하고 있다고 생각했다. 하이데거에게, 언어는 중립적 도구가 아니었다. 그는 일상 대화에 새겨진 의미의 층들을 더 많이 의식하도록 충고했다. 하이데거는 시—넓은 의미로 정의한—는 세상과 인간의 깊은 관계맺음이라고 생각했다. 만들기라는 주장으로 시는 그에게 표현에 대한 것이 아니라 언어와 거주의 경험에 독특하게 귀 기울이는 것이었다.

하이데거에게, '시는 실제로 우리를 거주하게 하는 것이다.' (1971, 215) 그는 시적 집짓기에 대해 썼다. 그것은 주변 환경에 대한 개인의 수용적 경험에 근거를 둔 지속적인 활동이다. 검은 숲 농가에서 유래된 질서의 의미와 유사하다. 그는 논문 제목으로 따왔던 횔더린의 시구를 보충하여 확장함으로써 건립과 거주의 관계 속에서 시를 생각하였다.

> 많은 노고가 있으나, 하지만 인간은 이 땅위에 시적으로 거주한다(1971: 216)

하이데거는 횔더린이 거주를 시적으로 생각한 이유는 일상 삶의 고된 '노고' 에도 불구하고 '땅위에서' 인간이 거주한다는 것이 소중함을 발견하였기 때문이라고 주장했다. 비록 그는 여기에서 그 말을 그대로 사용하지는 않지만 이 주장은 앞서 살펴보았던 하이데거의 두 에세이에서 쓴 사방에서 도출해낸 것이다. 하이데거는 횔더린이 일상의 노고와 시적 건립을 대조함으로써 인간을 위한 독특한 시적 건립의 성격을 식별했다고 주장했다. 하이데거는 '시는 인간을 땅으로 처음 데려오는 것이며 인간을 땅에 귀속시키고, 그래서 인간을 거주로 이끈다'(1971, 218)고 말한다. 하이데거에게 시적 만들기는 건립과 거주의 핵심에 위치한 추동력이며 이는 매일의 인간 존재에 핵심이라고 판단했다. 게다가, 인간의 만들기 속에 있는 근원을 통해 철학자는 그런 시는 역사 전반—궁극적으로 세상의 창조와 신화까지 결합된—에 걸쳐 모든 개인의 건립과 거주에 있는 만들기와 돌이킬 수 없이 연결되어 있다고 생각했다. 가장 근본적 의미에서 창조는 만듦의 창작 행위 속에 다시 되풀이 되는 것이다.

하이데거는 횔더린의 시를 발췌하여 척도measuring의 의미에 대해 논하고 있다.

> 고된 삶일 지라도 인간은
> 우러러보며 이렇게 말한다
> 나 역시 존재하길 바라는가? 그렇다. 자애로움이 있는 한,
> 순수함이 여전히 마음속에 있다면, 인간은
> 신 앞에 스스로를 불행하다고 판단하지 않는다
> 신은 미지의 존재인가?
> 신은 하늘처럼 드러나 있는가?
> 나는 차라리 인간의 척도를 믿는다
> 많은 노고에도 하지만 시적으로 인간은
> 이 땅위에 거주한다.
> 이렇게 말해도 된다면
> 별이 가득한 밤의 그림자가
> 신의 형상이라 불리는 인간보다
> 더 순수하지 않은가?
> 이 땅위에 척도가 있는가?
> 그런 것은 없다(1971: 219–220)

하이데거는 전체 구절보다는 대신 특정 단어와 구절을 분석하였다. 그 시에서 선택한 것은 사방의 네 가지 요소 즉 대지, 하늘, 신성, 필멸자를 담고 있다. 하이데거는 이런 구성요소와 관련하여 시를 조명하였다. 특히 중요한 것은 대지와 하늘 사이에 '인간의 거주를 가늠하는measured' 영역이었다.(1971, 220) 하이데거는 '척도measure'라는 단어—횔더린의 시에서 세 번이나 등장한다—를 '기하학geometry'이란 단어와 연결 지으며, 척도의 개념을 시적 만들기에 근거를 둔 활동으로 옹호한다.

건물 생산과 오브제 개념에 대한 비판처럼, 하이데거의 척도는 과학 또는 수학보다 경험에 속하는 것이다.

> 판단은 하늘과 땅 사이에서 서로에게 행하는 것이다. 이런 판단은 자신의 고유한 척도를 갖는다.(1971: 221)

하이데거의 척도론은 현대 사회 모든 것에서 만연한 수학적 추상에 대한 또 다른 도전이었다. 척도는 하이데거에게 과학적인 것이 아니었다. 띠나 막대에서 수학적 간격을 헤아리는 것이 아니었다. 다른 것에서 유래한 작업들을 체계적으로 적용하는 것도 아니다. 독일어 척도에 해당하는 말 messen은 수학적 눈금을 가리키기도 하지만 비슷한 것을 비교한다는 함축을 담고 있다. 이런 비교적 척도의 기본 요소는 삶의 전제조건이었다. 그 활동은 주변에 있는 것에 귀 기울이는 일이다.

> 이런 특이한 척도는 [...] 확실히 막대기나 끈이 아니며 사실 다루기 더 단순하다. 그리고 우리 손에 갑작스레 잡히는 것이 아니라 척도에 알맞은 몸짓에 의해 안내받는 것이다. 이것은 표준을 움켜잡는 것이 아니라 집중된 직관 속에 인식하는 것이며 귀 기울임을 유지하고 받아들이는 것이다.(1971: 223)

철학자는 이상적 표준으로 추상적 관념을 설립하는 것이 중요한 것이 아니라 사물과 경험을 다른 사물과 경험의 맥락에서 탐구하는 것이 중요하다고 주장했다. 하이데거적 척도는 귀 기울이는 것을 포함한다. 그것이 어떤 것에 대해 어떤 것을 판단할 수 있다. 신체와 감각적인 방법에서 감정적이며 본능적으로 이뤄 질 수 있으며 보다 사색적이며 신중하게 이뤄 질 수도 있다. 여기에서 측정 도구는 개인의 판단, 상상력, 감각과 감정이다.

척도에 대한 여러 접근이 있지만, 하이데거는 시적 척도가 창작에 관련되기 때문에 가장 명확하다고 보았다.(1971, 224-225) 인간 존재라는 바로 그 사실에 대한 그의 관심에 따라, 삶이 죽음을 향해 있는 것처럼, 인간 존재의 죽을 수밖에 없는 본성 때문에 창작은 특별한 권위를 지닌다고 판단하였다. 그에게, 시의 주요한 추동력은 인간의 창작에 대한 척도에 있다.

하이데거 동조자들은 종종 문학에서 일종의 척도를 묘사하는 세밀하게 목격되는 예들을 사용한다. 알폰소 링기스Alphonso Lingis의 침대에 대한 설명은 신체적이며 감각적인 척도의 예를 보여준다.

> 첫날 밤 내 침대는 딱딱하고 불편하며 낯설었다. 조금씩 친숙해지면서 마치 내 몸처럼 살 겹게 느껴졌다. 이불을 덮고 침대에 누울 때 나는 어디서부터 내 몸인지, 어디서부터 다른 표면이 시작되는지 구분할 수 없을 지경이었다. 처음에는 침대 시트에 몸이 닿는 것을 아주 분명히 느꼈고 그 이질적인 표면이 나의 경계에 접촉하는 것이 느껴졌다. 조금씩 이 경계는 사라지고 흐릿해졌으며 구분할 수 없게 되었다. 살갗의 친숙함은 침대 시트 전체로 퍼졌으며 결국 침대 자체 속으로 그리고 방으로 전염되듯이 퍼져나간다. 모두가 연결되게 된다.(Lang 1989: 201-213)

하이데거의 도식에서 개인은 침대에 대해 스스로를 측정할 수 있으며 반대로 스스로에 대해 침대를 측정할 수 있다. 침대의 치수와 특성은 본능적으로 신체를 통한 측정으로 알게 된다. 개인은 그것과 하나가 되었다고 말할 수 있다. 친숙함으로 이 침대는 또한 어떤 피난처가 될 수도 있고 세상을 측정하는 사적 영역이 될 수도 있다. 링기스의 설명은 『공간의 종류Species of Space』를 쓴 조르주 페렉George Perec의 설명과 유사하다.

> 침실의 소생적 공간은 삶을 되찾고 기억을 되살리기에 충분하다. [...] 침대에서 내 몸을 체감하는 확실성, 방에서 침대의 지형적 확실성은 기억을 재활성화하고 다른 대안을 찾기 힘들 만큼 예리함과 정확함을 준다.(1997: 21)

하이데거의 도식에 따라 해석한 페렉은 여기에서 어떤 사람은 자신의 침대를 가지고 다른 이의 침대를 측정할 수 있다고 주장한다. 그들의 침대는 일종의 하이데거적 척도가 된다. 침대와의 친밀함과 침대에 대한 지식과 기억은 과거에 비추어 또는 상상한 미래에 비추어 현재를 인식하는 것에 도움을 줄 수 있다. 또한 예전에 그곳에 잠을 잤던 다른 사람에 대해서도 그렇다. 하이데거에게 언제나 창작과 연관되어 있는 그런 세속적 척도는 삶의 궁극적인 신비로움과 접촉할 수 있으며 사람들에게 세상 속 그들의 장소에 대해 다르게 생각할 수 있게 한다. 하이데거의 도식에서, 개인과 침대는 서로를 측정할 뿐만 아니라 환경에서도 마찬가지다. 개인과 침대는 측정에서 합치된다. 이런 측정은 본능적이며 거의 사유되지 않는 것일 수도 있지만 보다 사색적인 것일 수도 있다.

조지 스타이너George Steiner는 『실제적 현존Real Presences』(1989)에서 하이데거적 척도에 대해 보다 사색적으로 쓴다. 그는 문학, 음악, 예술, 철학과 건축(이 책처럼)에 대해 쓴 이차적 비평에서 금기시 된 세상에 대한 관찰과 상상으로 시작한다. 그 곳에서 그는 비평의 다른 방식을 대체한다. 그는 소설가는 다른 소설에 대한 비평을 이야기로 만들 수 있으며 음악가는 음악 비평을 위해 작곡을 할 수 있고 무용가는 신체의 움직임을 통해 곡을 비판할 수 있다고 주장했다. 스타이너에게 그런 논평은 통상적인 저널리스트나 학술적 비평가보다 덜 자기 지시적이다.(1989, 3-50) 그것은 부정적이든 긍정적이든 다른 이와의 창조적 제휴에서 나오는 것으로, 서로를 세상의 의미를 함께 만드는 동반자로 생각하는 것이다. 스타이너가 추론한 비평 영역은 헤겔의 변증법적 상상력을 따르는 동시대 연구 풍토에서 설립된, '정thesis', '반antithesis', '합synthesis' 의 과정으로 보는 연구 모델과 대척점에 있다.(Taylor, 1975) 하이데거를 계승한 스타이너는 경험을 통해 세상의 의미를 만드는 시도 속에는 선형적 주장의 전망을 뛰어넘는 차원이 있다고 주장한다. 이런 도식에는 선형적 주장으로의 환원은 사물을 배제하는 것이다. 하이데거의 척도 개념은 스타이너가 말한 춤으로 자신의 논평을 대신하는 무용가나 음악 기보로 논평을 하는 작곡가에게 해당한다. 척도는 주로 철학자에게 시적인 것이며 듣기와 만들기를 통해 이루어지는 창조성에서 나온다고 말할 수 있다.

하이데거에게, 시적 성향을 가진 사람이 세상에 스스로를 기탁하고, 사색적이든 본능적이든 창조적 활동을 통해 그 사물과 현상을 측정할 때, 그녀 또는 그는 시를 창작하는 것이다. 철학자에게 이런 시의 결과는 척도가 되며 인간 척도의 저장소에 더해진다. 「건립 거주 사유」의 가상의 다리처럼, 시는 인간이 세상 속 자신의 장소와 교류하게 돕는다. 하이데거의 도식에서 그런 창작은 세상을 반영하고 확실히 새롭게 상상할 것을 요청한다. 그에게, 창작물은 인간의 사색에서 만들어지며 따라서 다소 특별한 것으로 남아있다. 심지어 신성에 가깝게 접근하기도 한다.

의미 만들기

하이데거에게, 건립과 거주는 그 둘을 하나로 묶는 척도를 통해 발생한다. 본능적이거나 보다 계획적이거나 그런 척도는 과학적 실험을 통해서라기보다 언제나 직접적인 물질적 그리고 상상적 경험을 통해 이루어진다. 하이데거에게, 사람은 주로 그들 경험의 창조적 해석에 따라 환경―특히 그들이 살아가는 건물들―을 평가한다. 하이데거는 이런 척도 개념을 넓은 맥락에 위치시켰다. 그는 어떻게 사람들이 세상의 의미를 만드는지 독특한 모델을 제시하였다.

「사물」과 「건립 거주 사유」를 살펴보면서 우리는 어떻게 하이데거가 매일 매일의 경험에서 동떨어진 채 이상적 모델을 설립하기 위해 생각을 관념으로 포장하는 동시대의 경향에 도전하는가를 보았다. 이와 유사하게, 「...시적으로, 인간은 거주한다...」에서 하이데거는 척도가 삶의 경험과 그들이 측정하는 사물을 분리하는 것이 아니라 하나로 묶는 통일체의 맥락에서 일어나야 한다고 강조하였다. 보다 도전적인 구절에서 하이데거는 다음과 같이 말하였다.

> 동등한 것은 동일한 것과 다른 것이며 심지어 단순히 동일시되는 것이 미분화되어 있는 일체에서조차 그러하다. 동일한 것 또는 동일시되는 것은 언제나 차이의 부재를 향해 움직이며 그래서 모든 것은 공통 요소로 환원될 수 있다. 반대로 동등한 것은 차이를 통한 모음 즉, 다른 것의 집합이다. 우리가 차이를 생각한다면 '동등 한 것'만을 얘기할 수 있다. 차이를 결정하고 실행하는 것 속에 동등한 것의 모으는 본성이 밝혀진다. [...] 동등한 것은 별개의 것을 본래 하나의 존재로 모은다. 동일한 것은 반대로 그것을 단순히 일치된 활기 없는 통일체로 만든다. 횔더린은 자기만의 방식으로 이런 관계를 알고 있었다.(1971: 218-219)

여기에서 하이데거는 바덴바덴의 문학 청중과 함께 마치 놀이를 하듯이, 그들을 다소 당황스럽게도 만들면서 자신의 주장을 명확히 설명할 수 있는 것에서부터 복잡한 문제를 해결해나가는 그의 습관적인 전략에 청중들을 끌어들이고 있다. 그의 요점은 처음만큼 혼란스럽지는 않을 것이다. 우리는 이미 하이데거가 일상적인 인간 경험의 바깥에 그리고 그것을 넘어서서 개념이 존재한다는 생각을 어떻게 논박하는지 보았으며, 대신 모든 사상사는 대지 위에 이미 존재하는 조건에서만 생각할 수 있다는 주장을 펴면서 어떻게 그가 현상학적 접근을 선호하는지를 보았다. 위 구절에서 하이데거의 요점은 이런 맥락에서 만들어진다. 하이데거에게, 개인들은 다른 사물과 자신을 측정할 수 있기 위해서는 사물들 간의 차이를 충분이 인식해야 한다. 하지만 일상의 경험에서 사물을 분리시켜서는 안 되며, 과학이 그러하듯 연구실에서 해부의 대상이 되거나 강의실에서 순수하게 추상적인 개념으로 분석해서는 안 된다고 주장한다. 이런 주장은 사람들이 의미를 만드는 것을 하이데거가 어떻게 생각하느냐의 맥락 속에 설명된다.

하이데거는 사람들이 세밀한 분석에서 나온 방법론적 결과에 도달함으로써 의미를 만드는 것이라 믿지 않았다. 그에게 의미를 만드는 것은 명쾌함의 순간이지, 계몽의 뿌연 연기는 경험된 것으로 서술될 수 없다. 한스-게오르그 가다머는 하이데거를 따라서 그런 순간을 '놀라운 단어가 발견되고 직관이 순간적으로 번쩍이는 환기' 라고 기술한다.(1994, 17) 하이데거에게 의미를 만드는 것은 생각의 퍼즐이 들어맞는 찰나의 순간이며 새로운 어떤 것의 실현이거나 당연시 받아들여지는 것의 재-이해이다. 그에게, 이런 찰나의 순간에 일어나는 통찰은 개인의 이해를 구성하는 직관의 역할 중 하나이다.

이후 글에서, 신비로운 기원의 통찰의 섬광에 대한 하이데거의 유명한 비유는 숲속의 빈터였다. 여러 가지 글을 모은 책을 이정표Holzwege라 이름붙인 하이데거는 의미 만들기를 숲길을 걷는 것에 비유했다. 이런 비유는 독일어의 관용적 표현, '숲길에서auf dem Holzweg sein' 라는 표현을 참조한다. 이 말은 영어 표현 '잘못된 길에서' 또는 '막다른 길에서' 라는 말과 유사하다. 숲에서 길을 잃어버린 존재, 어떤 것의 의미를 만들려는 시도를 잃어버린 존재는 하이데거에게 문제가 되지 않는다. 조지 스타이너는 이에 대해 다음과 같이 서술한다.

> 하이데거가 시작한 이 길 위에서 토론을 하는 것이, 그것을 '길 위로' 가져오는 것이 우리의 임무다. 다수의 논문이 이 길이 여러 길 중에 하나일 뿐이며 그것이 우리에게 목표로 안내할 것이라는 선험적 보증도 없다는 가정을 전제로 한다. 시작하는 과정을 보여주는 것이 하이데거의 지속적 전략이다. 길 위에서 행동은 우리 스스로가 설정한 목표가 무엇이든 그것의 성취에 선행할 뿐 아니라 [...] 품위와 의미에서 이 목표와 동일하다. 그러나 비록 그 길이 많은 길 중 선택된 하나이지만 그것은 숲 안에 있어야 한다. [...] 이 말은 숲 밖으로 이끄는 다른 길이 있으며 그래서 잘못 인도할 수도 있음을 뜻한다.(1992: 20-21)

하이데거에게, 과학적 연구방법은 목적을 시스템에 복속시키는 것으로 인간 경험에 이질적인 것인데 이는 마치 숲길에서 벗어난 것과 같다. 그런 시스템에서 나온 발견은 그들이 연구하는 목적보다 시스템 그 자체에 대해 더 많은 말을 하는 경향이 있다. 아마도, 과학적 접근은 나침반 방위에 따라 숲을 탐험하는 것과 같다. 나침반이 말하는 바는 사람이 어떻게 숲과 직관적으로 관계 맺는가를 이해하려 들지 않는다는 것이다. 탐험자는 스스로 숲을 이해하기 위해 숲과 자신의 마음을 관계 맺지 않고 인공적 도구에 의지하여 강제된 길을 따르기 위해 그 길 위의 모든 것을 짓밟게 된다. 하이데거에게, 이미 그곳에 있는 숲길을 걸어 탐험하는 것은 그 영역 자체를 탐사 가이드로 받아들이는 것이다.

숲에서 길을 잃었다고 느끼기 쉽다. 울창한 나무가 어둡게 덮고 있으며 빽빽한 나무줄기가 전망을 열거나 닫고 있다. 방향 감각을 잃은 탐험자는 걸을 때 자신의 직관을 따라간다. 때로는 다른 이들이 만든 길을 이용하기도 하고, 때로는 통행이 드문 갈래 길을 따르기도 한다. 하이데거의 길 은유에서, 나무들 사이의 빈터는 찾기 힘든 목표였다. 그곳에 도착했을 때 숲에 비해 햇빛이 풍부하게 들어오고 방향을 짐작할 수 있는 먼 시야를 준다. 독일어 Lichtung은 숲속의 빈터를 가리키지만 또한 계몽 또는 깨달음이라는 함의를 가진 조명을 뜻하기도 한다. 하이데거가 비유하듯, 빈터에 도달하는 것은 일종의 통찰에 이른 것을 의미하는 깨달음의 신비스러운 섬광과 같다.

하이데거는 추상적 실험을 통해 구분하기보다는 맥락 속에서 사물을 경험하는 것이 사물의 의미를 만드는 최선의 방법이라고 주장했다. 세상과 그 사물에 따르고 귀 기울여야 하며, 직관과 판단에 의해 길을 찾아야 한다. 그에게, 모든 통찰은 통합보다는 분리하려는 경향을 지닌 잘못된 체계적 프로세스를 통해 추론하기보다는, 생각의 통일체라는 맥락에서 깨달음의 섬광으로 경험되는 것이 가장 좋은 것이다. 하이데거에게, 의미 만들기는 수동적이든 능동적이든, 개인이 경험하는 통찰의 가능성에 스스로를 열어두는 것이다. 게다가 그런 통찰은 세상에 잠재된 가능성으로 이미 존재하고 있으며 발견될 준비를 하고 있다.

하이데거는 하나 됨의 통합하는 의미를 옹호했다.(1971, 218-219) 그의 사유는 동양 사상, 특히 노자의 철학에 영향을 받았으며(1989) 신비주의 신학자 마이스터 에크하르트Meister Eckhart의 영향을 받았다.(Davies, 1994) 하이데거에게, 지배적인 서구의 마음 개념은 예를 들면 흑백을 구분하듯이 구분을 짓는 분리된 지성으로 보는 것이다. 이와는 반대로, 노자와 에크하르트에 영향을 받은 하이데거에게 하나 됨은 흑과 백이 서로 분리 불가능한 것이다. 흑과 백 대신 그 사이에는 무수한 회색이 분리 불가능한 총체성으로 인식된다. 백을 안다고 추정하고 이에 대조적으로 흑을 시험하는 것보다, 백과 흑이 인식가능하게 다르며 자족적이지 않다고 본다. 그 둘은 서로가 없으면 존재할 수 없다. 각각의 부분은 고립되어 구별하거나 알 수 없다는 점에서 동일한 총체성의 일부분이다. 그것에 대해 생각하는 인간의 능력역시 동일한 총체의 일부이다. 사유는 언제나 그곳에 있으며 의미를 만들려고 하는 인간의 주변에 그리고 그 안에 있다. 이런 도식에서, 구별은 이상한 생각이다. 사람은 분리하여 측정하지 않는다. 오히려 측정은 하나의 맥락에서 발생한다. 구별은 사람이 세상과 타 인간에 대해 인위적인 우월성을 느끼게 하기 때문에 바람직하지 못하다. 이는 필연적으로 부적절한 통제 시도를 낳는다.

하이데거에게, 창조적 만들기로서 시는 사람이 귀속되어 있는 이런 묶여있는 하나 됨을 받아들이는 인간의 경험에 있다. 그에게, 이런 의미 만들기의 모델은 세상, 마음, 통찰의 통합을 담고 있다. 하이데거가 「건립 거주 사유」에서 검은 숲 농가에 대해 주장했듯이 그것은 물리적, 지적, 시간적 질서의 통합을 뒷받침하는 급진적 고요함이다. 하이데거적 장소 식별은 척도와 하나 됨을 통해 세상의 의미를 만드는 것이다. 건립과 거주의 결합된 활동은 땅, 사람, 사회의 기존 조건에 대한 시적 수용을 통해 권위를 받아들이는 것이다.

진정성

「...시적으로, 인간은 거주한다...」의 말미에 하이데거는 그의 건축 모델을 진정성authenticity이라고 불렀다. 그는 척도를 건립과 거주의 맥락에서 시와 연관시켰다.

> 모든 척도의 척도로서 [...] 시가 생길 때에만 거주는 일어난다. [...] [계획]을 만드는 데 이미 만들어진 판단 잣대로 추정하는 것이 아니다. 시는 세우고 조립한다는 의미에서의 건물이 아니다. 그러나 거주의 차원을 적절히 판단하는 것으로서의 시는 건립의 시원적 형식이다. 무엇보다 시는 인간의 거주를 그 본질에 들어가게 한다. [...] 시는 근원적으로 거주하게 함이다.
> 인간은 그가 거주하는 한 짓는다는 말은 이제 적절한 의미가 주어졌다. 단지 인간이 땅위에, 하늘아래 머물 곳을 짓는 것이 거주가 아니다. 사물을 성장시키는 동시에 건물을 올린다. 인간은 이미 시적인 척도의 의미 속에 지을 때에만 그런 건립을 할 수 있다. 시가 있는 한 진정한 건물은 생겨난다. 그런 시는 건축술을[für die Architektonik] 측정하는 것으로, 거주의 구조가 된다.(1971: 227)

여기서 하이데거가 사용한 '건축술'이라는 말은 사물에 대한 인간의 유기적 구성을 가리킨다. 이런 의미의 건축이라는 단어는 컴퓨터 프로그램의 '구성architecturing' 또는 정치적 동의의 '구성architecturing' 같은 말처럼, 철학자의 시절보다 오늘날 이와 같이 더 많이 사용된다. 하이데거에게, 구성은 창조적 활동이다. 사물에 구조를 조직하는 것은 시의 특성을 만들고 인간의 척도를 드러내게 한다. 하이데거에게, 넓게 정의된 시적 활동—글쓰기, 만들기, 건립, 음악을 포괄한다—은 의미를 만드는 노력을 통해 자신의 환경에 대해 자신을 측정하는 것을 이른다. 그렇게 함으로써 그들은 경험을 살펴보고 구조화하고 배열한다. 그에게, 어떤 시적 활동의 결과는 이런 배열을 다른 이들에게 드러낸다. 하이데거에게 시적 창조는 개인이 자신의 환경과 경험에 따라 스스로를 측정하는 것에서 시작한다. 그것이 성공하고 덜 창조적인 활동과 시를 구별하게 된다면, 시적 활동은 청중의 공감을 받게 될 것이다.

「...시적으로, 인간은 거주한다...」의 이 구절에서 가장 중요한 것은 마지막 문장이다. '시가 있는 한 진정한 건물은 생겨난다. 그런 시는 건축술을[für die Architektonik] 측정하는 것으로, 거주의 구조가 된다.' '진정한' 건립과 거주에 대한 하이데거의 주장은 아주 중요하다. 그의 시 개념과 시적 만들기에 맞느냐 아니냐에 따라, 그리고 그의 철학적 측면에서 인간의 존재 조건을 측정하는 것을 도움으로써 그것이 세상의 의미를 만들려는 창조적 시도를 남고 있느냐 아니냐에 따라 그는 건립과 거주를 좋거나 나쁜 것으로 범주화하였다. 좋은 건립과 거주는 이것을 하는 것이며 나쁜 건립과 거주는 그렇지 못한 것이다. 그 중간의 여지는 없다. 「...시적으로, 인간은 거주한다...」와 여타 다른 글들에서 진정성에 대한 하이데거의 극단적 주장의 결과는 그의 저서에서 가장 논쟁적인 측면으로 남아있다. 그런 주장은 직접적으로 강한 비판을 자극했다. 1964년 초판이 발행된 테오도르 아도르노Theodor Adorno의 책, 『진정성이라는 용어The Jargon of Authenticity』가 그것이다.

아도르노는 전후 독일에서 하이데거의 어휘가 점점 영향력을 가지는 것을 의식하여 이에 대한 대응으로 글을 썼다. 우리가 이미 보았듯이 하이데거는 자신의 독특한 어원학을 통해 낯선 의미를 주장함으로써, 익숙한 단어에 특별한 의미를 부여하곤 했다. 아도르노는 그의 책에 19세기 철학자 쇠렌 키르케고르Søren Kierkegaard의 '신앙의 도약'을 언급하면서 시작한다. 종교적 신앙은 다른 편으로 건너가기 위해 거대한 심연을 건너야 하는 것인데, 이를 위해선 믿음에 대한 맹세 뿐 아니라 의지할 존재를 필요로 한다. 하이데거의 어휘는 동일한 신앙의 도약을 요구하는 것이며 아도르노에게 이는 정당하지 못한 것이다. 그는 하이데거의 언어를 숭배로 기술했다.(1986, 5) 그것에 따르는 사람은 벌거벗은 임금의 새 옷을 감탄하며 바라보는 사람들과 같다. 아도르노는 특정 말들은 독자를 믿음으로 속이려는 시도 속에 연민을 자아내며 사용되었다고 보았다.

하이데거의 진정성 주장과 그의 말하는 방식의 결합은 하이데거가 가장 문제시하는 것이었다. 아도르노는 하이데거의 어휘가 이상적 대상 또는 관념에 대해 일상생활의 경험의 정당성을 입증하였지만, 그것은 단순히 사람들과 동떨어진 또 다른 관념을 설립한 것에 불과하다고 보았다. 칼 마르크스Karl Marx의 저서에 영향을 받은 아도르노는 하이데거의 언어가 달콤한 가정생활에—검은 숲의 전원생활을 지속되고 대대손손 행복한 것으로 추정한 것처럼—의지하고 있으며 그것만 기술할 수 있을 뿐이라고 생각했다. 하이데거의 이상적 거주의 어휘는 가난한 현실에 대해 어떤 여지도 가지지 않는다. 그것은 계급이 지배하는 불평등을 표현할 수 없으며, 장밋빛 표현은 불평등과 갈등을 다룰 수 없다. 특히 전후 독일에서 아도르노는 하이데거의 어휘가 중산층의 소시민적 가정생활의 정상 상태에 대한 믿음을 너무 쉽게 받아들이는 것을 우려했다. 하이데거의 진정성은 전쟁의 비극으로 일시적으로 단절된 삶의 한 방식이었던 나치 시대 이전에서 이후까지 독일에서 지속된 편안한 가정생활을 받아들인다.(1986, 22) 그에게, 하이데거의 진정성이란 어휘는 낭만적 안주를 인정하고 복귀하려는 것이다. 나쁘게도 이런 진정성을 극단화하는 것은 파시스트 사고방식을 연장시킨다.

하이데거 추종자들은 하이데거의 어원론과 파시스트 이데올로기 간의 연결을 반박한다. 그러나 「...시적으로, 인간은 거주한다...」에서 건축 모델은 '진정한' 시적 거주로서 요약된다. 이는 하이데거가 검은 숲 농가에서 과거에 선언했던 것으로, 타협의 여지없이 명확히 옹호된다. 하이데거에게 진정한 건축은 그 모델에 동의하는 것이며 비진정한 건축은 그렇지 않은 것이다. 아도르노의 비판의 도식에서는, 궁극적인 진정성 주장은 '진정한' 것과 그렇지 못한 것이라는 살인적 결론으로 결정되어버린 나치 급진주의 정책의 그것이다. 그래서 진정성에 대한 어떤 주장도, 진정한 것을 결정하는 권위를 가진 사람에게 왜 그리고 어떻게 라는 강력한 문제제기를 할 수 밖에 없다. 그리고 그 결과를 돌이킬 수 없이 결정하는 인간의 권력 관계—정치적, 경제적, 사회적—는 허위적인 안락한 가정생활로 감추어져선 안 된다.

chapter 5

하이데거와 건축가들

일생동안 하이데거는 그에게 관심이 있는 작가들, 시인, 예술가들을 포함해서 창작가들과 접촉을 도모했다. 하지만 건축가들이나 건축 숙련자들을 찾는 데에는 그리 관심을 보이지 않았다. 하이데거는 1953년 프라이부르크 집에서 프랑스 경계를 건너 르 꼬르뷔제의 롱샹의 새로운 순례 성당을 방문했지만 별다른 감흥을 느끼지 못하였다. 대신 그는 독특하게 말하는 젊은 사제가 주관하는 미사를 참견하면서 시간을 보내는 걸 더 좋아했다.(Petzet 1993, 207) 건축가를 만나는 걸 주저했던 하이데거에게 예외가 있다면 알바 알토를 만나려고 했다는 점이다. 하이데거 전기 작가 하인리히 비간트 페젯은 알바 알토가 그의 책상에 「건립 거주 사유」 책을 가지고 있다는 얘기를 듣고 하이데거가 초대장을 보냈다고 기록한다. 하지만 알토의 죽음으로 만남은 이루어지지 못했다.(1993, 188) 하이데거는 건축가들과 그들의 작품에 관심이 없었지만 20세기 후반 수많은 건축가들은 그의 글에 많은 관심을 보여 왔다. 하이데거 사유의 건축적 전용은 아주 많고 다양하다. 나는 여기에서 광범위한 주제를 다루는 건축가들과 건축 논평객의 하이데거 해석 중에서 하나의 예에 초점을 맞출 것이다.

온천수

피터 줌토의 건축은 1998년 『Peter Zumthor Works: Buildings and Projects』라는 제목의 작품집으로 유명해졌다. 책 서문은 하이데거의 「건물 거주 사유」에서의 인용문을 다루고 있는데, 이는 철학자의 글과 건축가의 생각이 유사함을 드러낸다. 작품집에서 가장 두드러지는 건물은 알프스에 지어진 스위스 그라우뷘덴 주의 발스 온천이다. 줌토는 그곳에 대해 『arq: Architectural Research Quarterly』(Spier 2001)에 출판된 인터뷰에서도 얘기한다. 발스 온천—감각을 불러일으키는 공간의 연속과 정교한 구축 디테일로 건축가들 간에 유명하다—은 하이데거의 글과 줌토의 건축 간 흥미로운 상응을 보여준다.

줌토는 자신의 건축적 선언, 『건축에 대한 생각Thinking Architecture』를 쓰면서 측정 도구로서의 경험과 감정에 대한 하이데거의 찬양을 똑같이 보여준다. '사물 보는 법' 이라 이름 붙은 장은 문고리를 묘사하면서 시작한다.

> 나는 숙모의 정원에 갔을 때 문고리를 붙잡곤 했다. 문고리는 내게 다른 분위기와 냄새의 세상으로 들어가는 특별한 기호처럼 여겨졌다. 발밑에 자갈의 소리와 왁스칠 한 오크 계단의 부드러운 반짝임을 기억한다. 나는 어두운 복도를 걸어 부엌을 들어가면서 내 뒤로 무거운 정문이 닫히는 소리를 들을 수 있었다.

줌토는 건축 경험의 감각적인 면을 강조한다. 그에게, 재료의 물질성은 기억을 통해 경험을 일깨우고 장소의 지평을 직조하면서 개인을 세상과 관련 맺게 할 수 있다. 줌토는 숙모 집에서 감각적 특성을 통해 가늠했던 장소와 사물을 떠올린다. 여기서 그는 건축 실무자이자 저술가 유하니 팔라스마Juhani Pallasmaa의 주장에 공감한다. 팔라스마는 기술의 작동이 너무 빨라서 인간의 감각 중 유일하게 시각만이 보조를 맞출 수 있는 세상에서, 건축은 보다 직접적으로 공명하는 다른 감각을 강조해야한다고 주장한다.(1996) 줌토의 발스 스파는 그가 에세이에서 썼던 생각, 즉 모든 감각에 호소하게 한다는 생각을 잘 보여주고 있다. 건축가는 감각을 환기시키는 특성에 따라 재료를 구성한다. 불로 구어 광택을 낸 돌, 크롬, 황동, 가죽, 벨벳은 사람이 옷을 입고 벗었을 때 신체의 감각을 강화하기 위해 조심스레 배치되었다. 재료의 촉각, 후각 그리고 심지어 미각까지 치밀하게 조정된다. 증기와 거품이 일어나는 온천수의 드라마틱함은 자연조명과 인공조명으로 강화되며 컴컴한 어두움은 빛과 더불어 강렬하

발스의 산림 경관에 위치한 피터 줌터의 온천

발스 온천의 물과 빛, 그림자

게 구성된다. 재료는 매스감을 강화하거나 억제하기 위해 다듬어지고 결합된다. 재료의 감각적 잠재력은 집요하게 이용된다. 이런 전략으로 줌토는 감흥을 일으킴으로써 목욕이라는 의식을 축복하려했다. 그는 인터뷰에서 발스에 대해 이렇게 말했다.

> 방문객은 이런 분위기를 지닌 알프스의 양과 소의 축사처럼 이 건물을 생각할 것이다. […] 그건 단지 건물일 뿐이고 생계를 위한 것이다. 그 건물들은 사물들이다. […]
> 이곳을 찾은 보통사람들이나 노인들은 여기에 들어갈 수 있어서 좋았으며 서늘한 기운은 아니라서 가운을 입고 물에 들어가고 싶었다고 말한다. 욕탕에는 약간 신비로운 장소가 있는데 물이 나오는 샘이 있다. 붉은 빛이 비춰지는 순수하게 인공적이며, 극적인 장소이다. 여기에는 전통이 있다. 오래된 온천은 이렇게 대리석으로 만든, 물을 마실 수 있는 분수대가 있었다. 그래서 이 건물은 새로운 버전이지만 또한 약간 극적이기도 하다. 계속해서 긴 계단을 따라 내려간다. 이것은 어떤 영화의 한 장면이나 오래된 호텔의 입구 같다. 영화배우 마를렌 디트리히가 계단을 밟고 내려오는 장면이 떠오르지 않는가. 이제 당신은 방으로 가는 입구에 있다. 마호가니로 이루어진 탈의실은 다소 섹시하게 보이는데 대양의 여객선 위의 풍경이나 얼핏 보기엔 사창가 같기도 하다. 이곳에서 이제 당신은 다른 환경으로 들어가기 위해 일상복을 갈아입게 된다. 무엇보다 감각적인 특성이 가장 중요하며, 물론 이 건축은 이런 감각적 특성을 가지고 있다.(Spier 2001: 17, 22)

줌토의 인터뷰에서 나오는 '분위기'라는 말은 그 복수형이 줌토의 새 책(2006) 제목이기도 하다. 이 말을 통해 마음속에 그린 경험에서 나온 것을 가지고 작업하려는 그의 관심을 나타낸다. 즉, 계획에 의한 디자인이라는 것은 그 장소가 마치 과거 장소에 대한 자신의 기억에 근거를 둔 것처럼 디자인 하는 것이며, 건축 형태에서 극적이며 현상학적 경험을 형성하려는 것이다. 줌토에게 기대되는 장소의 특성이 나타날 때에만 그 장소 주위에 건물이 지어지는 것이다. 그렇게 해야만 수학적 스케일의 평면, 단면, 디테일 드로잉은 목적을 얻게 된다. 신체와 마음의 측정measuring—하이데거에게, 통찰력의 번뜩임에서 의미를 만드는 직관과 판단에 의한 모색—은 줌토에게 디자인 방법이 되었으며, 이는 기억된 느낌의 기초위에 미래의 장소를 상상하게 돕는다. 그것은 또한 사람들이 자신의 건축을 경험하게 될 맥락이 된다고 줌토는 믿고 있다. 발스는 우선 감각적 본능에 호소하고 둘째로 해석과 분석에 호소한다. 줌토에게 온천은 거주하기에 촉각적이고, 다채롭고 심지어 섹시하기도 하다.

줌토는 온천의 경험이 분수의 물을 마시거나 계단을 걷거나하는 것처럼 기억을 자극하고, 연상을 재현하는 사물에 의해 강조된다고 상상한다. 그는 시간과 역사에 적합한 장소 속에 사물이 놓여 있는 전통—그리고 이런 전통의 공간적 재현—이라는 측면에서 인간의 행동을 인식한다. 그는 또한 삶보다 더 오래된 의식과 관례에 따라 농장 거주자를 자리 잡게 하려는 열망을 가졌던 하이데거와 이런 경향을 공유한다. 하지만, 건축가의 문화적 원천은 보다 범세계적이며 18세기 검은 숲의 농부를 넘어 영화와 해양 여객선을 아우른다. 보다 최근 전통은 여기에서 인정받는다. 비록 더 오래된 것과 동일한 용어로만 그런 자격이 주어지지만 그것들은 단순하고, 감각적이며 주유하고 유소적인 것으로 보여야하다. 건축가는 온천에서의 순간들이 가지는 신화적 특성들을 내세우면서 하이데거와 신비적인 것에 공감을 나눈다. 하이데거처럼 줌토는 또한 수학과 통계적 자료보다 경험과 기억의 직접적인 증거를 더 선호하는 오래된 에토스에 영감을 받는 것으로 보인다.

줌토에게, 발스 온천은 장소에 거주의 의례—그 용어에 대한 모든 하이데거적 연상과 더불어—를 위치시킴으로써 자신의 디자인 의도를 이룬 것처럼 보인다. 줌토는 구획, 매스, 빛, 재료와 표면을 연출함으로써, 기억과의 연관 속에서 목욕 제례를 통해—위에서 논했던 소풍 장소처럼—장소를 식별할 수 있는 조건을 만들길 희망한다. 줌토는 장소 지각의 풍부한 층을 제시한다. 그리고 또 하나 하이데거의 검은 숲 농장처럼 건축가는 지역적 정체성이라는 측면에서 장소를 생각한다. 위에 인용한 인터뷰에서 줌토는 주위 알프스 양과 소의 축사 건물에서 찾아낸 단순성을 환기시킨다. 이는 가축과 거처의 필요와 결부하여 산을 바라보는 농민의 눈에 온천의 근거를 두는 것이다.

하이데거의 검은 숲의 농장이나 가설적 다리와는 달리, 줌토의 온천은 전문가가 개입된 것이다. 훈련받은 디자이너–그리고 구조 기술자, 음향 기술자, 기계 기술자와 전기 기술자들의 계산과 비용 컨설턴트와 프로젝트 매니저들–의 눈이 동원되었다. 건설은 형태 교육과 조달 절차에 따라 이루어졌다. 이는 우리가 위에서 보았듯이 하이데거는 건물과 거주간의 개입을 방해한다고 느꼈던 것이다.

줌토의 발스 온천에 대한 생각은 하이데거의 건축에 대한 사유의 해석에 관한 복잡한 문제를 제기한다. 전문가의 역할, 동시대 전통의 개념, 건물과 사물이 문화적 의미를 재현할 수 있느냐는 개념, 지역주의의 개념이 그것이며, 아울러 디자인이 경험의 연출을 포함한다는 주장이 여기에 해당한다. 이런 주제는 이 프로젝트와 해당 건축가에게만 한정되는 것은 아니다. 이 주제는 20세기 후반 하이데거의 글에 공감했던 건축가들의 건물과 건축 이론가들의 글을 특징짓는다. 따라서 발스 온천의 줌토와 다른 사람들의 글과 건물들의 관계를 모두 따지면서 보다 세밀하게 발전시킬 가치가 있다.

전문가

줌토는 하이데거적 건물, 거주, 척도measuring에 대한 자신의 공감과 전문적 실무의 구조에서 자신의 참여가 만들어내는 긴장을 알고 있는 것으로 보인다. 발스에 관한 인터뷰에서 줌토는 다음과 같이 말한 바 있다.

> 좋다, 이렇게 말하는 게 자연스러울 것이다. 열려 있는 모든 것–어둠, 빛, 침묵, 소음 등–으로 시작하는 것이 좋다. 시작은 열려있다. 건물과 디자인은 어떻게 이런 사물이 존재해야 하는가를 말해준다. 이제 [...] 건설과 구축 분야는 사람들이 멋진 휴식을 취하는데 모자람 없으며 밤에 편안히 잠들 수 있게 만들어져야 한다. 그들은 개인적 책임을 피하기 위해 이런 규칙을 만든다. 이것은 진실이며 이것은 이런 건설 규정이 어떻게 생기느냐에 대한 것이다. 책임감의 문제인 것이다.(Spier 2001: 21)

줌토—하이데거적 방식에서 그리고 아마도 미국 건축가 루이스 칸을 염두에 두고—는 건설의 경건함을 옹호했다. 되고자 하는 바를 자연스럽게 따르게 디자인하는 것, 실제와 상상적 경험을 중심으로 물질적 조직을 배치하는 것이 그것이다. 줌토에게 법으로 정한 절차는 건축가와 디자인, 건물 간의 본능적인 관계를 방해할 뿐이다. 그는 전문가를 위해, 전문가에 의해 만들어진 규제는 디자인의 우선사항을 변경한다고 주장했다. 하지만, 줌토가 알지 못한 것은 스스로 동료 전문가로서 이런 상황에 연루된다는 점이다. 하이데거에게 앞서 살펴보았듯이, 그것은 규제 때문이 아니라 전문가들 자신이 서구 사회에 분열적이기 때문이다. 건설과 거주 간의 적절한 관계를 가로막고 있으며, 건물을 생산품 또는 예술적 대상으로 생각하기 때문이다. 줌토는 하이데거적 건립과 건축을 화해하려고 하는 반면 하이데거는 건축가의 개념과 건축 개념이 도움이 되지 않는다고 말한다. 하이데거에게 줌토는 문제일 일부이지, 해법이 아니다.

하이데거의 사유와 전문적 건축 실무를 화해하려는 모색을 한 사람은 줌토 만이 아니다. 많은 건축가들과 건축 이론가들이 그러했으며 그 속에 있는 문제를 중요치 않게 여겼다. 철학자가 「건립 거주 사유」를 건축가들에게 제시했던 다름슈타트 회의 몇 년 후 크리스티앙 노르베르그-슐츠는『실존, 공간, 건축』(1971), 『장소의 혼: 건축의 현상학을 위하여』(1980)와 건축, 『의미와 장소』(1988)을 통해 영어권 건축문화에서 하이데거 저서의 개요를 제시했다. 노르베르그-슐츠에게 건축은 사람들에게 세상에서 '실존적 근거'를 이룰 기회를 제시한다.(1980, 5) 그에게 현대건축 실무는 건립과 거주를 장소에서 고정시키는데 속하는 일이다. 그는 거주를 손위의 장갑처럼 건축위에 잘 맞는 켜로 인식했다. 노르베르그-슐츠는 건축과 하이데거적 건립은 양립 가능한 것으로 보며, 하이데거 저서의 평가가 건축가들이 자신의 전문적 실무를 보다 인간적이며 의미 있는 것으로 만드는데 이바지 할 수 있다고 주장한다. 그래서 슐츠는 거의 타당성을 의심받지 않을 정도로 일종의 면허증을 제공하였으며 그 이후 건축적 하이데거주의자들은 철학자의 사유와 전문적 실무를 폭넓게 계속 이런 방식으로 연관지어왔다. 그들은 건축가가 비숙련 건물과 주거에 민감해야 하고 그 속에 사는 거주자들에게 무언가를 제공해주어야 한다고 말한다. 그러나 디자인할 때 건립과 주거의 전통을 안다고 주장하였지만 이런 단일한 활동은 관습적인 절차를 따라 인식되고 지어진 건물에서만 일어날 수 있는 것이다. 자신의 필요와 문화적 전망에 따라 스스로 디자인하고 짓는 하이데거의 검은 숲 농가 거주자들과는 달리, 이런 시나리오에서는 건축가가 디자인하고 건축업자가 지어야만 거주자는 짓고 살 수 있게 되는 것이다. 줌토는 이런 방식으로 하이데거적 건축에 접근하는 것으로 보인다.

근대 건축의 또 다른 전통

발스에서 경험을 적은 바처럼 줌토는 자신의 건축과 그 사물을, 오래된 것이든 보다 최근의 것이든, 전통과의 연관 속에 인식하는 것을 좋아했다. 그는 이런 경향을 다른 하이데거주의 건축가들 및 작가들과 공유한다. 특히 어원론에서, 그리고 일상의 낭만주의와 통과의례에서, 그리고 진정성에 대한 주장에서 하이데거의 저서는 역사성의 의미—시간의 흐름, 운명과 현재 삶에 이용 가능한 사고의 저장소로서의 과거라는 의미—로 가득 차있다. 전통은 종종 하이데거의 사상을 따르는 건축적 하이데거주의자들에 의해 가치가 정해진다. 전통은 풍부하고 현재를 위한 실무적 역사들operative histories 4)로 고취된다.

몇 명의 작가들—특히 콜린 St 존 윌슨과 노르베르그-슐츠—는 자신들의 저서를 통해 특정한 근대 건축가들과 프로젝트에서 나온 최근 건축의 전통과 하이데거 사상의 일부를 조합하려 했다. 그들은 근대건축의 대안적 역사—또는 대안적 전통—을 규범화하고 제도화하려 했다. 철학자의 사

4) 역주—여기서 실무적 역사란 이탈리아 역사가 만프레도 타푸리가 말한 역사를 실무의 도구로 사용하는 방식을 일컫는다.

상과 위에서 논의한 전문 건축 실무 간의 긴장을 무시하면서 두 작가는 자신들이 생각했던 보다 인간적인 모더니즘이라는 것을 건축가들에게 고취시키기 위해 하이데거를 언급했다. 윌슨은 세계대전 후 런던 시의회와 함께 하우징 디자인을 진행하였는데 당시 직원들은 꼬르뷔제적인 고층 아파트를 선호하는 '급진' 모더니스트와 저층 교외 주택을 선호하는 '온건' 모더니스트로 나눌 수 있었다.(Menin and Kite 2005) 하이데거의 거주와 장소에 대한 사유를 수용한 윌슨은 오랜 구상 끝에 나온 책, 『근대 건축의 또 다른 전통』(1995)에서 후자 즉, 온건한 모더니즘을 지지한다. 윌슨의 건축적 영웅들에는 알바 알토, 에릭 군나 아스플룬트, 휴고 헤링, 한스 샤로운과 아일린 그레이가 여기에 해당된다. 그의 홍보 전략은 이런 '선구적' 모더니스트들에게서 대지, 거주, 정주와 장소에 대한 감성을 강조함으로써 대안적 전통은 미래 실무에 영향을 주어야 한다는 것이었다.(1995, 6~8) 윌슨은 15년 일찍 글을 쓴 노르베르그-슐츠를 따르는 것으로 보인다. 장소와 관련된 하이데거적 건축의 예들로 특정 건축가를 옹호하는 『장소의 혼』(1980)에 있는 동일한 전략을 사용하고 있다. 노르베르그-슐츠의 리스트도 알도와 프랭크 로이드 라이트, 루이스 칸, 레이마 피에틸레와 파울로 포르투게시를 포함한다. 두 이론가들은 대지와 거주에 대응하는 그런 건축가들의 형태 만들기를 옹호한다. 아울러 두 이론가들은 근대건축의 하이데거적 전통을 주장하였다.

윌슨과 노르베르그-슐츠에게 하이데거의 저서와 그 영향권으로 분류한 건축가들은 급진 모더니즘과 포스트모더니즘 건축에 저항점을 제시하는 것이며 과다한 디자인 탐닉에 대한 비판의 기회를 제공하는 것이다. 그들은 건축 모더니즘의 특정 전통을 규범화하고 하이데거 철학과 연결지어 그것에 권위를 부여함으로써 자신들이 건축가들에게 장소와 인간에 감각적이었던 근대건축의 보다 인간적인 전문 실무를 촉구할 수 있다고 생각했다. 결론적으로 많은 건축가들은 하이데거의 사상을 자동적으로 윌슨과 노르베르그-슐츠가 거론한 '근대 선구자들'의 목록과 연결시켰다. 건축가들에겐 널리 퍼져 당연시되는 등식이 있다. 하이데거적 건

탈의실에서 목욕실로 연결되는 발스 온천 내부의 연속적인 계단

축은 이런 '다른 전통' 과 동일하다는 것. 피터 줌토의 이름은 종종 이 목록과 연결된다. 일치하는지 여부는 열린 문제이다. 무엇보다 전통은 그들을 조장하고 축복했던 사람들이 결정하는 것이다.

재현과 의미

줌토에게, 발스 온천의 경험은 마음속에 연상을 불러일으킬 수 있는 사물—예를 들면 마시는 샘이라든지 연쇄적인 계단 같은—에 의해 강조되어야 한다. 그런 사물은 그에게 사람들의 기억을 상기시킨다. 사물들은 어린 시절 놀이에서 배우 마를렌 디트리히의 영화에 이르기까지 복합적인 전통과의 연상을 촉발함으로써 그렇게 한다. 건축이 재현적 역할을 가질 수 있다는 개념은 개인—그리고 특히 문화적—의미를 촉발하는데 이는 다른 건축 현상학자들에게도 관심거리다. 하이데거를 따라, 건축 저술가들은 건축이 과거에 재현의 힘을 보다 많이 가지고 있다고 주장했다. 그것은 한 때 신화와 종교 이야기같이 공유되고 의미 있는 전통과 관련을 맺었다. 하지만, 기술의 영향력 증가는 계몽주의시대 이후 전통과 건축가들의 관련성을 모두 사라지게 했으며 의미를 만드는 건축의 가능성을 약화시켰다.

『건축의 윤리적 기능』(1997)에서 카스텐 해리스는 과학적 합리성으로 인해 잃어버린 건축의 의미를 되찾으려 한다. 해리스에게 장식ornament—고대에서 근대에 이르기까지 가장 폭넓은 의미에서—은 건축을 구분지어 왔으며 자연에 대한 이야기와 자연에 대한 인간의 평가를 반영함으로써 의미에 대한 접근을 가능케 했다. 그는 장식의 명료함이 공유될 때, 그런 장식은 장소와 공동체에 대해 사람들을 자리매김하게 돕는 시적 기능을 가진다고 주장했다. 해리스에게 장식은 의미에 대한 접근을 제공하고 죽음으로 몰고 가는 기술의 합리성에 맞서 도전한다. 하이데거의 검은 숲 농가를 인용하면서—그리고 대체로 그것에 겨누어진 비평을 무시하면서—해리스는 전통 건축 속에 진정성을 발견했다. 전통건축은 스스로를 공동체의 일부로 이해하는 건설자의 가치를 나타내고 재현하기 때문이다. 그는 윤리의 옛 의미인 에토스를 드러내고 공유된 가치를 드러내는, 건축의 이런 공동의 윤리적 책임을 옹호하였다. 해리스에게 현대 건축 프로젝트는 잠재적으로 혁명적이다. 기술 합리성의 측면에서 건축 프로젝트는 사람들과 공동체, 그리고 사회에 사고의 연상과 전통을 일깨움으로써 보다 의미 있는 삶의 감흥을 주는 기회를 제공할 수 있다.

서양 건축 개념에서 역사적 변화를 탐구해온 달리보 베셀리Dalibor Vesely(2004)는 건축의 재현적 가능성을 강조하였다. 그는 건물과 장소의 잠재력을 그 개념을 낳은 가치—우주론—를 나타내는데 있다고 생각한다. 검은 숲 농가가 건립자의 태도를 나타낸다고 생각한 하이데거처럼 베셀리에게 건축은 사람들의 생각과 그 건설에 영향을 주는 사회를 묘사할 수 있다. 해리스처럼 베셀리는 건축의 도구적, 소통적 역할간의 긴장이나 기술적, 창조적 역할간의 긴장을 탐구하였다. 예를 들면 각각 건축가와 기술자의 전문적 역할이 나뉘는 것처럼 그는 이런 역할이 분리되었다고 주장했다. 베셀리는 중세의 광학과 투시도법의 발전에서 이런 분리의 역사적 기원을 추적한다. 이는 시각의 특성에 대한 직접적인 경험을 넘어서 빛에 대한 과학적 묘사를 특권화하려는 첫 번째 시도였다. 그에게 그런 기술적 묘사가 역사를 통해 더욱 일반화되고 권위를 더욱 축적해왔지만 여전히 부적절한 것이다. 그에게, 이것은 이런 묘사를 묘사하려는 현실보다 더 가치 있다고 생각하는 것으로, 잘못된 허구에 불과하다. 베셀리는 건축에서 기술적 재현은 현대 세계에서 의미를 공유하는 오래된 윤리적 재현과 분리된다. 베셀리는 이런 분리를 '재현의 위기' 라고 말하는데, 이는 건축의 의미를 인간의 경험에서 표면과 외관의 시각적 특성으로 대체한 것이다. 그에게 현대적 맥락에서 건축가의 일은 건축이 과거 가지고 있었던 소통적 잠재력을 되찾는 것이며 의미 있는 경험을 다루는데 그 힘을 다시 연결하는 것이다. 베셀리에게 창조성은 기술에 해독제이다.

베셀리와 해리스는 의미와 진정성을 문화의 특수한 역사적 의미에 뿌리를 둔 경험의 총체적 이론에 속하는 것으로 생각하였으며, 건물이 공유된 의미의 코드를 통해 진정성 있게 이해되던 때인, 계몽주의 이전의 황금시대에서 추상과 가상이 지배적이게 된 기술관료 세상에 이르기까지 전문 건축 역사의 독특한 궤적을 주장한다. 그들이 관심을 둔 의미의 층들은 주로 신화적이며 신학적이다. 줌토가 영화와 어린 시절 놀이를 언급하였다면, 전통주의자들은 보다 심오한 서구 문화의 고급 역사 전통을 발견했다. 그럼에도, 줌토는 최소한 하이데거에게서 유래된 부분에서 연상을 촉발하고 의미를 초래하는 건축의 잠재력에 대한 관심사를 해리스 및 베셀리와 공유한다.

지역주의

줌토의 발스 스파의 지역성에 대한 확신은 이미 언급되었다. 그는 그 건물에 대한 인터뷰에서 다음과 같이 말했다.

> 나의 모든 건물은 대지와 장소와의 일종의 비판적 대화이다. 그리고 아마도, 궁극적으로 그 결과물이 아주 좋다면, 그 건물이 언제나 그곳에 있었던 것처럼 보인다고 말하는 것이 좋은 은유가 된다. 그다음 아마도 당신은 장소와 건물간의 일종의 친밀한 관계에 이르게 될 것이다. 발스에서 이것은 온천과 물, 산과 돌, 수백만 년 오래된 것들과 관련된다. 돌과 물, 이런 이미지들이 아주 가까이 있다.(Spier 2001: 16)

돌과 물은 줌토에게 재료나 현상 그 이상이다. 그것들은 지적 개념이기도 하고 오랜 역사를 가진 사고의 전통이기도 하다. 그것들은 마음속 이야기를 불러일으키는데, 무엇보다 고전 건축에서 목구조를 돌로 번안한 것이라든지, 터키와 일본의 목욕문화에서 역사적 의례에 관한 것이다. 그에게, 비슷한 연상의 가능성이 지역의 전통과 역사, 정체성에 대한 이야기에 보다 폭넓게 담겨 있다.

건축에서 비판적 지역주의는 하이데거 이후 케네스 프램프톤에 의해 유명해졌으며 리안 르페브르와 알렉산더 초니스(2003)에 의해 다루어졌다. 프램프톤은 하이데거의 「건립 거주 사유」에서 가까움의 상실에 대한 주장을 수용하였다. 프램프톤에게도 이런 상실은 현대 삶에서 소외를 일으키며 장소와 귀속의 의미에서 바람직하지 못하게 사람들을 떼어놓는다. 프램프톤은 「하이데거 읽기」에서 후기 자본주의의 탈중심화되는 도시계획에서 의미를 회복하기 위하여 소규모 스케일에서 그리고 지역성이라는 측면에서 건축가는 장소 창조에 책임감을 가져야 한다고 주장했다.(1996) 「비판적 지역주의에 관한 전망」(1996)에서는 현대 전문가 건축이 세계화된 문화와 기술의 동질화하는 경향에서는 만들 수 없는, 지역적 차이와 그곳에서 이용 가능한 의미의 가능성에 관심을 가져야한다고 주장했다. 아마도 하이데거의 뿌리박음에 대한 호소가 지닌 비관용에 대한 비판을 의식하면서, 프램프톤은 땅과 사람을 하나로 묶는 추상적인 토착 건축에 자연스러움을 돌리려하지 않았다. 대신, 그는 펜실베이니아의 루이스 칸, 포르토의 알바로 시자 이 비에라Alvaro Siza y Viera와 베니스의 카를로 스까르빠 같은 건축가들의 숙련된 실무에 있는 지역성을 탐구하였다. 그럼에도 불구하고, 비판적 지역주의는 파시스트의 '피와 땅' 라는 수사와 잠정적으로 유사하여 논란의 여지가 있다. 줌토가 지역성에서 의미를 만든다는 주장하는 것을 꺼려하지 않고 자신의 디자인과 대지간의 '비판적 대화' 라고 썼을 때 그는 프램프톤과 의견을 같이하는 것이다.

경험의 연출

줌토는 경험의 연출을 자신의 디자인 작업에 아주 진지하게 받아들였는데 그 점이 고객과의 상업적 관계에 영향을 주었다.

> 고객이 고통스러울 지라도[...] 나는 그들이 필요로 하는 것이지만 오랫동안 잊고 있거나 알지 못하는 것을 알아야 한다고 주장한다. [...] 내가 그것을 필

요로 하는데, 그렇지 않다면 나는 분위기를 만들 수 없기 때문이고, 이런 분위기를 가지지 못하는 건물을 짓는 것이 그것이 나에게 과연 좋을까? 나는 이런 방식으로 일을 해야 한다. 나는 이런 창문이 중요하다고 느끼기 때문에, 그리고 문과 문의 경첩이 중요하기 때문에 나는 이에 대한 집착을 가지고 있다. 그 밖의 모든 것도 이와 같다. 그래서 나는 이런 사물들에 대해 신경을 써야 하고, 그렇지 않다면 나는 이런 분위기를 가질 수 없다. 내 작업의 전체 목표는 대체로 그렇게 진행될 것이다. 이것이 내가 작업하는 방식이다.(Spier 2001: 19)

춤토는 이런 방식으로 디자인하는데 집착했던 첫 번째 건축가는 아니다. 스티븐 홀의 방법도 춤토와 유사하다. 홀—스트레토 하우스, 헬싱키의 키아스마 박물관과 MIT의 시몬스 홀 프로젝트를 출판하였다—은 자기 사상에 현상학의 영향에 대해 쓴 바 있다.(Holl, Pallasmaa and Perez-Gomez, 1994) 그리고 그는 가스통 바슐라르(1969)와 모리스 메를로-퐁티(1989)뿐 아니라 하이데거에 빚지고 있는 것으로 보인다. 홀은 프로젝트의 지각적 특성을 탐구하기 위해 매일 수채화 스케치를 최소 한 장 이상 그리는 걸로 유명하다. 그중 일부는 『물로 쓰다』(2002)로 출판되기도 했다. 그는 대부분 투시도로 그리는데 평면, 단면, 입면으로 그리는 것보다 건축 형태의 경험을 다루는데 보다 직접적이기 때문이다. 홀은 이런 작업을 함으로써 빛과 그림자 속에서 형태를 생각하게 된다고 적는다. 이 기법은 그에게 경험을 연출하는 수단이 되는 셈이다. 홀에게 그림은 즉흥적이며 의도하지 않은 디자인 가능성을 여는 직관적 행위이다. 홀의 그림은 춤토와의 차이를 나타낸다. 그는 비록 지각의 조작을 의도하고 있지만 춤토에 비해 외적인 형태 즉, 건물의 오브제적 특성에 몰두해 있다. 홀의 작업 방식은 빛과 그림자를 다루고, 비, 먼지, 해와 바람이 유발하는 변형을 예측하며, 건물의 모서리와 질감, 표면을 비튼다.

알도 반 아이크는 또 다른 건축적 경험의 강렬한 연출자이다. 반 아이크의 일생은 하이데거 사상과 연결되어 있다.(Strauven 1998) 전후에 지은 암스테르담 놀이터와 유명한 고아원과 보모의 집 디자인은 어린이와 어른들에게 적당한 작은 장소들을 갖고 있다. 이런 방식에서 그 프로젝트

한스 샤로운의 다름슈타트 학교의 모델. 가로와 교실군이 보인다.

는 하이데거적인 것으로 보인다. 건축가는 사람들이 자기들 환경에서 거주할 가능성에 적합하게 맞춘 것으로 보인다. 그의 놀이터는 여러 가지 사물들, 즉 다양한 바닥 재질, 디딤돌, 정글 짐, 다양한 밀도의 칸막이 등을 배치하여 아이들이 놀이를 통해 지낼 수 있게 하였다. 아이들은 이런 사물과의 놀이에서 장소를 식별하고 주변의 새로운 세상을 그린다. 반 아이크의 더 큰 프로젝트는 놀이터를 전체 건물 속에서 생각하여 발전시켰다. 모서리에는 선반과 의자, 책꽂이를 위에 두터워졌고 앉고 물건을 두기위한 곳이다. 계단은 의자가 되기도 하고 관람석이 되기도 하며, 문지방은 의자가 되기도 하고 선반이 되기도 한다. 책꽂이는 은신처와 놀이기구가 되기도 한다. 작은 개구부, 유리창, 거울 조각을 이용하여 풍부한 경험을 만들어낸다. 이런 전략은 비교적 협소한 공간에 장소의 식별력을 높인다. 금지시키기 보다는 약간의 모호함과 과잉을 도입하여 다양한 방식으로 저마다 이용하도록 하였다. 반 아이크의 건축은 오브제의 질보다 인간의 경험을 우선시하며 전체보다는 부분을 더욱 선호한다는 평가를 받았다. 종종 반 아이크의 프로젝트가 진부하며 심지어 무미건조하다고 생각하는 건축가들도 있다. 줌토도 그리 생각했을 것이다. 그럼에도 두 건축가는 경험을 자극하고 기억을 불러일으키는 파편들에 대한 선호를 공유하고 있다.

또한 줌토는 또 다른 유명한 건축 경험의 연출자, 한스 샤로운의 작품에 별로 공감하지 않았을 것이다. 줌토의 많은 건물이 직교 체계를 선호했지만, 샤로운의 작품은 유기적 기하학으로 유명하다. 샤로운은 1951년 다름슈타트에서 행해진 하이데거의 강연에 참여했다. 샤로운은 또한 그 행사에서 당시 학회 장소 근처의 땅에 학교를 계획한 가설 프로젝트를 발표하기도 했다. 피터 블룬델-존스은 샤로운이 하이데거 강연에서 자기 생각의 확신을 발견했다고 주장한 바 있다.(1997, 136)

샤로운의 계획안은 그 장소에서 일어나는 활동들 위주로 디자인된 보다 자유로운 형태의 구획을 위해 정사각형 교실의 선형적 직교체계를 깨뜨리는 그의 생각을 보여준다. 당시 학회에 제시된 다름슈타트 학교 프로젝트는—비록 지어지지 못하였지만 이후 샤로운의 학교 건물에 영감을 주었다—아주 적절한 사례이다.(Blundell-Jones 1997, 136-140) 교실은 나이에 따라 세 그룹으로 분류되고, 각각은 내부 가로에서 수위실을 통해 접근된다. 이 가로는 사용 정도에 따른 길이에 따라 넓어지고 좁아지며 현관이나 복도 혹은 머무는 공간이 되기도 한다. 반 아이크의 건축처럼 레벨에 변화를 줌으로써 규정된 장소와 포괄적인 장소가 배치되고 자

마를에 있는 한스 홀라인의 학교. 다름슈타트 학교 계획에서 영감을 받은 학교 프로젝트로서, 교실을 연결하는 '휴게 홀'이 보인다.

유분방한 접촉을 촉진하기 위해 뒤로 물림과 튀어나옴이 의도되었다. 저학년반, 중학년반, 고학년반이 각각 고유한 형태를 가진다. 놀이와 사회적 기능은 가장 어린 아이들에게 가장 중요한 것이며 교실은 내성적인 아이들을 위해 밝은 햇빛을 받게 남향으로 지어지고 작은 정원으로 개구부를 두었다. 중학년 교실은 정식 교육을 위해 보다 정방형으로 디자인되었으며 진지한 교육이 가능하도록 차분한 반사광을 통해 산만함을 최소화하였다. 샤로운은 고학년 아이들은 공동체내에서 자신의 정체성을 발전시킨다고 믿었으며 외부공간에 초점을 둔 보다 덜 전형적인 방식으로 교실을 구성하였다. 교실과 교실군의 배치는—학교 강당, 체육관, 도서관도 포함하여—각각 그들이 의도했던 활동들에서 유래되고 사람들이 모이고, 가르치고, 배우고, 공부하고 만날 때 발생하는 특수한 사회적 형태에 따라 이루어진다. 전체 학교는 이런 부분들의 집합이며, 가로가 그 사이를 매개한다. 샤로운의 구성 능력은 가로나 다양한 부분들이 어설프게 통합하려 하지 않는다는 점에서 돋보인다.

샤로운의 다름슈타트 학교는 환경과 분위기, 대지, 변화하는 빛의 성질에 주목한다는 점에서 줌토의 많은 프로젝트처럼 부분적인 하이데거주의를 드러낸다. 이것은 샤로운이 사회와 정치적 형태에 관심을 드러내는 시작이 되며 비정형적 모음을 가능하게 한, 반 아이크적인 건축적 전략에 대한 몰두를 보여준다.

경험의 연출이 스티븐 홀, 반 아이크, 샤로운, 줌토에게 모두 중요하지만, 서로 다르게 표현되었다. 이 건축가들은 노르베르그-슐츠나 윌슨, 해리스, 베슬리와 프램프톤같은 공통적 관심사에 있던 작가들처럼 하이데거의 거주와 장소 개념에 폭넓은 공감대를 형성하였다. 하지만 많은 건축적 논평은 보다 비판적이다.

현상학과 정치

발스에 대한 인터뷰에서 줌토는 디자인에서 자기 역할의 적극성을 대수롭지 않은 듯 말한다. 우리는 경건함에 대한 그의 영감을 보았고 건축적 아이디어를 원하는 바로 이루려는 시도를 보았다. 프로젝트를 대지와 지역성과 관계 맺는 그의 목적도 겸손하다. 건축가는 그에게 주어진 환경과 직관적으로 작업한다는 것을 강조하고 싶어 한다.

> 그것이 어디에서 나오는지 모르겠어요. 제가 그다지 건축 책이나 다른 책을 많이 읽지도 못했고 그래서 이것이 어디서 나온 것인지 몰라요. [...] 내가 배운 건 어떤 지식이 아니에요. 어쩌다보니 거기에 있는 것이지, 왜 그런지는 묻지 마세요.(Spier 2001: p23)

줌토는 이처럼 하이데거와 같은 태도를 취한다. 하이데거는 어떻게 철학이 산장에 있는 자신을 발견하여 철학의 말을 받아쓰는 서기가 되게 했는지에 대해 열정적으로 말을 했다. 또한 그는 사상의 깊이와 넓이에도 불구하고, 학술적인 대화보다는 직관을 주장하면서 반-관학적인 모습을 견지했다. 우리는 이런 의도적인 수동성에 대한 비판을 접했다. 아도르노는 하이데거 어휘가 널리 수용된 것은 전후 독일의 낭만적 현실 안주를 확정하고 회복시킬 뿐이라고 주장한다. 그리고 료타르와 리치는 '상식' 의 측면에서 하이데거의 지방색에 대한 호소를 비판했다. 줌토의 건축에 영향을 미친 하이데거적 전망은 많은 주석자들에게 너무 수동적이다. 이는 정치적 행동주의를 방해한다.

정치는 하이데거 사상의 건축적 해석에 결정적인 것이 되었다. 1990년대까지 다른 분야보다 늦게 건축에서 하이데거의 사상은 점차 공격받게 되었다. 이전에는 하이데거적인 '근대 건축의 또 다른 전통' 을 주장하는 사람들과 자연주의 및 재현적 사유의 옹호자들에 의해 공감을 받았다. 하지만, 하이데거의 진정성 주장의 문제점과 낭만적 지역성의 잠재적 결과가 하이데거의 건립과 거주 모델의 가치에 대한 건축적 논쟁에서 보다 중요하게 되었다. 이런 논쟁은 건축에서 한편으로 현상학과 다른 한편으로 비판 이론에서 각각 중심이 되었다.

건축가들 간에 공통된 추정이 있다면, 이런 입장들이 대체로 대립적이라는 것이다. 간략히 요약하자면, 현상학(최소한 하이데거적인 구체화에서)은 과학적 측량과 전문적 숙련가에 대해 직접적인 인간 경험의 가치를 옹호하고 영원함과 귀속성을 신화화하려한다. 반면에 비판 이론은 모든 인간 활동에 내포되거나 드러난 정치적 차원을 우선시하며 진정성의 획일적 주장을 반대한다.

비판 이론의 우산은 공통된 연관을 가지는 다양한 사상가들의 저서와 그룹을 망라한다. 예를 들면 젠더 이론가들, 탈-구조주의자들, 탈-식민주의자들, 포스트모더니스트들과 해체주의자들(이 둘은 건축에서 다르게 이해된다)이 있다. 쉽게 요약하는 것이 불가능할 정도로 비판 이론은 마르크스주의, 아도르노와 프랑크푸르트학파의 글과 프랑스 탈-구조주의에 근거를 둔다. 비판 이론은 언어에 관한 하이데거 저서에 관심을 보인 자크 데리다(1989)를 통해 하이데거와도 연결된다.

건축을 포함하여 하이데거의 사상은 비판이론의 관점에서 쉽게 도전받는다. 하이데거는 본질주의와 진정성이 사람을 배제하는 경향에 대해선 아랑곳하지 않고 존재의 진정한 조율 속에 건물과 거주의 '본질'을 인지하는 데에만 관심을 둔다. 그의 글은 정치에 대한 인간의 정신 착란이라 보았던 것에 조금도 애정을 갖지 않는다. 가상의 검은 숲 농가의 작은 농지를 가진 농부들의 최저 생활은 계급이 만들어내는 불평등에 대한 정당한 투쟁보다 계절 속에 측정된 세대의 흐름과 더 관련된다. 전통적인 이성애자 가족의 역할은 농가에 공동 식탁의 남성 지배에 의해 강화되었다. 사람은 자연의 힘에 굴복해야 한다는 철학자의 제안은 하나 됨 속에 의미를 만드는 신비적 차원에 맞춰 있으며 정치적 관여를 경시한다. 게다가, 료타르와 아도르노의 비평에 관하여 적었던 것처럼, 하이데거의 나치 연루는 비판 이론의 전망에서 무엇보다 중요한 도덕적 문제가 된다. 철학자의 사상과 나치 이데올로기 간의 연결은 결정적이며 그 사례의 사실은 하이데거주의자들에게 하이데거를 옹호하기 쉽지 않게 만든다.

비록 건축에서 현상학과 비판 이론 간의 충돌지점이 명확하지만—우리가 료타르와 리치에게서 보았던 것처럼—논쟁은 최소한 함축적 동의에 의해 이루어졌다. 위에서 언급했던 지역주의와 세계주의의 대립적 경향을 반복하면서 이 논쟁은 때때로 보수주의와 자유주의 이데올로기 간의 분리처럼 극단화되곤 하였다. 현상학에 흥미를 가진 건축가들은 보수주의자로 의심받았고 비판 이론에 흥미를 가진 건축가들은 자유주의자로 의심받는다. 비록 그것이 피할 수 없는 풍자라고 해도 광범위하게 퍼진 추정이다. 두 입장 각각의 관심은 언제나 상호 배타적이지 않으며 양립 불가능한 것도 아니다.

논쟁은 이제 건축에서 현상학의 이점과 문제점으로 옮겨간다. 특히 미국에서, 서양 건축 학술 출판가의 카탈로그 개관과 건축 이론 과정의 온라인 참고문헌은 비판이론의 제도적 지배를 말해준다. 파시스트와의 관련성 때문에 하이데거의 건축에 대한 저서와 하이데거를 영웅으로 주장하는 건축 현상학은 제로 섬 게임이 되었다. 그것이 무엇을 주든지 간에 파시스트와의 관련성은 이를 없애버릴 수 있다. 줌토를 비롯한 몇 명은 영향을 받지 않았지만, 많은 건축가들과 해설자들은 하이데거에게 등을 돌리고 말았다.

상상력의 감염

지난 반세기 넘어, 하이데거의 건축 모델은 수많은 디자이너와 역사가, 이론가의 상상력을 감염시켰다. 나는 이런 감염병 비유가 유용하다고 생각한다. 가벼운 감염은 자극을 일으키지만 이 경우 부정적인 효과뿐 아니라 긍정적인 효과도 가질 수 있다. 그것은 사람의 습관을 방해하고 사람과 환경을 다르게 생각하게 만들며, 새롭게 반응하게 한다. 심각한 감염은 심신을 약화시킨다. 가벼운 하이데거적 감염은 예를 들면 알도 반 아이크 같은 경우 문틀과 문지방 같은 작은 장소에 가능성을 보게 만들거나 한스 샤로운 같은 경우 사회적 구조를 둘러싼 디자인에 잠재력을 발견하기도 하는 것처럼 유용한 이점을 갖고 있다. 하지만, 보다 많은 경우에 관심을 줘야 하는 심각한 원인을 줄 수 있다. 많은 하이데거주의자와 비평가들 모두 철학자의 어휘를 그 맥락을 평가하지 않고 사들이는 사람들에게 회의적이었다. 예를 들면 가다머가 은유적으로 주장하듯이 그들은 '하이데거의 말이 새겨진 아이보리 음반을 이리 저리 움직여 듣는 것' 에 불과하다. 정념이 덧붙은 용어는 거슬리고 가식적일 뿐이다. 보다 중요하게, 하이데거주의를 온전히 흡수할 뿐 무비판적인 것의 중대한 위험은 이미 여기에 소개되었다. 진정성에 대한 주장—타자에 대한 비관용적인 세상의 모델에 대한 주장—은 저지되어야 한다. 장소의 투지에 대한 주장은 반 자유주의 정치학과 인종차별주의서 단 한 발작 물러난 것일 뿐이다. 하이데거의 낭만적 지역주의가 무비판적으로 흡수되는 곳에서는 우익 이데올로기가 번성하게 만들 수 있다. 편협한 하이데거주의자의 감염은 도전받아야 한다.

이런 감염 비유를 사용한 것은 한계가 있다. 감염은 수동적으로 인식되기 때문이다. 이 책의 말미에 내가 말하고자하는 요점은 여러분이 하이데거의 건축모델에 관심을 가진다면 그것에 비판적이어야 하고 능동적어야 한다는 점이다. 이 책에서 하이데거의 사상은 조심스러운 문제제기 없이 단순히 수용하라고 제시된 것이 아니다. 하이데거 사상을 알지 못하고서는 수많은 20세기 후반 전문가 건축과 건축 비평을 평가하기 어렵다. 피터 줌토는 여전히 하이데거의 사상에 동조하고 있다. 치유의 차원에서든, 여러분이 어떤 선택을 하던 간에 건축적 판단에서 그러한 것처럼 정치적 양심에서 많은 문제로 남을 수밖에 없다.

더 읽을거리

독일어로 된 하이데거의 글은 말년에 이루어진 수정과 개정을 포함하여 대략 100권의 총서로 출판되고 있다.(Sheehan 1980) 여러 글의 영어 번역판을 이용할 수 있게 되어 있는데 독일어 책의 내용과 똑같지도 않고 총서 계획을 언제나 따르지도 않는다. 독일어 책 제목의 전체 목록과 번역본 목록은 온라인 www.webcom.com/paf/hb/gesamt.html에서 볼 수 있으며 유럽 여타 언어로 된 하이데거에 대한 이차 문헌 목록은 프라이부르크 대학교 도서관에서 운영하는 www.ub.uni-freiburg.de/referate/02/heidegger/heideggerkatalog.html에서 볼 수 있다.(2007년 1월 3일 접속가능 확인)

하이데거의 철학에 대해 더 깊게 알고 싶다면 많은 일반 개론서가 있다. 리차드 폴트Richard Polt의 『Heidegger : An Introduction』이 특히 접하기 쉬우며, George Steiner의 「Heidegger」는 생각하게 만들며 미구엘 드 바이스트구이Miguel De Beistgui의 「The New Heidegger」는 특정 학술 분야에서 하이데거의 수용에 대한 짧은 개관으로 끝을 맺고 있다. 하이데거의 학생이었던 칼 뢰비트Karl Löwith—유태인으로 나치 시절 하이데거와 거리를 두었다—가 전후에 쓴 글은 복잡하고 풍부한 뉘앙스를 가진 개론서이다. 이는 리차드 볼린Richard Wolin의 『Martin Heidegger and European Nihilism』에 'Heidegger : A Thinker in Destitute Times' 로 번역되었다.

아마도 최고의 하이데거 전기는 휴고 오트Hugo Ott의 『Martin Heidegger: A Political Life』이다. 오트Ott는 역사가로서 글을 썼다. 그는 하이데거의 철학적 사상보다는 하이데거의 행동의 복잡성을 드러내려고 했다.

에드워드 케이시Edward Casey의 『The Fate of Place』는 고대 철학자에서 20세기 후반까지 철학의 역사를 통해 장소의 개념사를 기록한다. 이 책은 하이데거의 사상을 극히 풍부한 맥락 속에서 위치시키며 유명한 철학자의 저서를 건축과 관련하여 뛰어나게 개관하고 있다.

건축 현상학은 하이데거에게서 나온 것이지만 또한 모리스 메를로-퐁티와 가스통 바슈라르에게서 나온 것이기도 하다. 나치즘에 물들지 않았던 그들의 『지각의 현상학』과 『공간의 시학』은 상대적으로 이 분야 작가의 인기 있는 자료가 되었다. 둘 다 도전적이며 가치가 있다.

건축에서 하이데거의 사유에 대한 도전을 깊이 있게 개관하고 있는 글은 힐데 하이넨Hilde Heynen이 1993년에 『Archis』에 쓴 논문 *'Worthy of Question: Heidegger's Role in Architectural Theory'* 이다. 그녀는 넓은 이론적 문제의 맥락에서 당시 철학가의 저서에 대한 수용을 설명해준다. 그녀가 확인한 주제는 여전히 적절하다.

두 권의 소설 작품이 하이데거의 철학과 관련하여 하이데거의 전기에 대한 숨은 비판으로 생각할 수 있는데 두 권 모두 좋은 독서거리다. 귄터 그라스Günter Grass의 『Dog Years』에서 에피소드들은 하이데거와 하이데거의 흔적에 대한 패러디로 볼 수 있다. 토마스 만의 닥터 파우스트의 주인공이 하이데거와 필적할만한데, 이 주인공은 악마에게 자신의 영혼을 판 지성인이다.

참고문헌

Adorno, T. (1986) *The Jargon of Authenticity*, trans. by K. Tarnowski and F. Will, Routledge, London.

Alexander, C. (1977a) *The Timeless Way of Building*, OUP, Oxford.

—— et al. (1977b) A Pattern Language: Towns, Buildings, Construction OUP, Oxford.

Aristotle (1983) *Physics: Books Ill & IV*, trans. by E. Hussey, Clarendon Press,Oxford.

Arnold, D. (2002) *Reading Architectural History*, Routledge, London.

Bachelard, G. (1969) *The Poetics of Space*, trans. by Jolas, M., Beacon Press, Boston, MA.

Blackbourn, D. and G. Eley (1984) *The Peculiarities of* German *History*, OUP, Oxford.

Bloomer, K.C. and C. Moore (1977) *Body, Memory and Architecture*, Yale University Press, New Haven, CT.

Blundell-Jones, P. (1995) *Hans Scharoun*, Phaidon, London.

Borgmann, A. (1992) 'Cosmopolitanism and Provincialism: On Heidegger's Errors and Insights', *Philosophy Today*, no. 36,131-45.

Casey, E. (1997) *The Fate of Place: A Philosophical History*, University of California Press, London.

Conrads, U. *et al.* (1962) *Modern Architecture in Germany*, Architectural Press, London.

Davies, O. (1994) 'Introduction', in *Meister Eckhart: Selected Writings*, Penguin, London.

De Beistegui, M. (2005) *The New Heidegger*, London, Continuum

Derrida, J. (1989) *Of Spirit: Heidegger and the Question*, trans. by G. Bennington and R. Bowlby, University of Chicago Press, London.

Frampton, K. (1996) 'On Reading Heidegger', in *Theorising a New Agenda for Architecture: An Anthology of Architectural Theory 1965-1995*, edited by C. Nesbitt, Princeton Architectural Press, New York, pp. 440-6.

—— (1996) 'Prospects for a Critical Regionalism', in *Theorising a New Agenda for Architecture: An Anthology of Architectural Theory 1965-1995*, edited by C. Nesbitt, Princeton Architectural Press, New York, pp. 468-82.

Frede, D. (1993) 'Heidegger and the Hermeneutic Turn', in *The Cambridge Companion to Heidegger*, edited by C. Guignon, CUP, Cambridge, pp. 42-69.

Gadamer, H.-G. (1994) *Heidegger's Ways*, trans. by J.W. Stanley, SUNY Press, Albany, NY.

Gooding, M., J. Putnam and T. Smith (1997) *Site Unseen: An Artist's Book*, FMH Arts/Eagle Graphics, London.

Grass, G. (1997) *Dog Years*, trans. by Mannheim, R., Minerva, London.

Harries, K. (1996) 'The Lessons of a Dream', in *Chora, Volume 2*, edited by A. Pérèz-Gomez and S. Parcell, McGill-Queen's University Press, Montreal.

—— (1997) *The Ethical Function of Architecture*, MIT Press, Cambridge, MA. Heidegger, M. (1962) *Being and Time*, trans. by J. Macquarrie and R. Robinson, Harper and Row, New York.

—— (1971a) 'Building Dwelling Thinking', in *Poetry, Language, Thought*, trans. by A. Hofstadter, Harper & Row, London, pp. 143-61.

—— (1971b). . .poetically, Man dwells . . .1, in *Poetry, Language, Thought*, trans. by A. Hofstadter, Harper & Row, London, pp. 211-29.

—— (1971c) 'The Origin of the Work of Art', in *Poetry, Language, Thought*, trans. by A. Hofstadter, Harper & Row, London, pp. 17-78.

—— (1971d) 'The Thing', in *Poetry, Language, Thought*, trans. by A. Hofstadter, Harper & Row, London, pp. 163-86.

—— (1973) 'Art and Space', trans. by C.H. Siebert, *Man and World*, no. 6, 3-8.

—— (1976) *The Piety of Thinking*, trans. by J.G. Hart and J.C. Maraldo, Indiana University Press, Bloomington.

—— (1981a) 'Why Do I Stay in the Provinces?', in *Heidegger: The Man and the Thinker*, edited and trans. by T. Sheehan, Precedent, Chicago, IL, pp. 27-8.

—— (1981 b) 'The Pathway', in *Heidegger: The Man and the Thinker*, edited and trans. by T.F. O'Meara and T. Sheehan, Precedent, Chicago, IL, pp. 69-71.

—— (1985) 'The Rectorate 1933/34: Facts and Thoughts', trans. by K. Harries, in *Review of Metaphysics*, no. 38,481-502.

—— (1992) 'The Self-Assertion of the German University' in The *Heidegger Controversy: A Critical Reader*, edited by R. Wolin, MIT Press, Cambridge, MA, pp. 29-39.

—— (1993a) 'What is Metaphysics?' in *Basic Writings*, edited and trans. by D. Farrell-Krell, Routledge, London, pp. 94-114.

—— (1993b) 'The End of Philosophy and the Task of Thinking' in *Basic Writings*, edited and trans. by D. Farrell-Krell, Routledge, London, pp. 431-49.

—— (1997) *Vorträge and Aufsätze*, Neske, Pfullingen.

—— (1998) *Pathmarks*, edited by W. Mc.Neill, CUP, Cambridge.

Heynen, H. (1993) 'Worthy of Question: Heidegger's Role in Architectural Theory', *Archis*, no. 12,42-9.

Hofstadter, A. (1971) 'Introduction', in Heidegger, M., *Poetry, Language*, Thought, Harper & Row, London, pp. ix–xxii.

Holl, S. (2002) *Written in Water*, Lars Muller, Baden.

——, J. Palasmaa and A. Pérèz-Gomez (1994) 'Questions of Perception: Phenomenology of Architecture', *A&U Special Issue*, 7.

Hoy, D.C. (1993) 'Heidegger and the Hermeneutic Turn', in *The Cambridge Companion to Heidegger*, edited by C. Guignon, CUP, Cambridge, pp. 170-94.

Jacobs, J. (1961) *The Death and Life of Great American Cities*, Random House, New York.

Kisiel, T. (1993) *The Genesis of Heidegger's Being and Time*, University of California Press, Berkeley, CA.

Lang, R. (1989) 'The Dwelling Door: Towards a Phenomenology of Transition', in *Dwelling, Place and Environment*, edited by D. Seamon and R. Mugerauer, Columbia University Press, New York, pp. 201-13.

Le Corbusier (1954) *The Modulor: A Harmonious Measure to the Human Scale Universally Applicable to Architecture and Mechanics*, trans. by P. de Francia and A. Bostock, Faber & Faber, London.

Leach, N. (1998) 'The Dark Side of the *Domus*', *Journal of Architecture*, vol. 3, no. 1, pp. 31-42.

—— (2000) 'Forget Heidegger', *Scroope*, no. 12, pp. 28-32.

Lefaivre, L. and A. Tzonis (2003) *Critical Regionalism: Architecture and Identity in a Globalized World*, Prestel, Munich.

Lyotard, J-F., (1990) *Heidegger and the Jews* [sic], trans. by A. Michael and M. Roberts, University of Minnesota Press, Minneapolis, MN.

—— (1991) *Phenomenology*, trans. by B. Beakley, SUNY, Albany, NY.

Löwith, K. (1994) *My Life in Germany Before and After* 1933: A Report, trans. by E. King, Athlone, London.

—— (1995) 'Heidegger: A Thinker in Destitute Times', in *Martin Heidegger and European Nihilism*, trans. by G. Steiner, edited by R. Wolin, University of Columbia Press, New York, pp. 29-134.

Mann, T. (1949) *Doctor Faustus*, trans. by H.T. Lowe-Port, Secker & Warburg, London.

May, R. (1996) *Heidegger's Hidden Sources: East Asian Influences on His*

Work, edited and trans. by G. Parkes, Routledge, London.

Menin, S. and S. Kite (2005) An Architecture of Invitation: Colin St John Wilson, Ashgate, London.

Merlau-Ponty, M. (1989) *The Phenomenology of Perception*, trans. by C. Smith, Routledge, London.

Norberg-Schulz, C. (1971) *Existence, Space and Architecture*, Studio Vista, London.

—— (1980) *Genius Loci: Towards a Phenomenology of Architecture*, Academy, London.

—— (1988) *Architecture, Meaning and Place: Selected Essays*, Rizzoli, New York.

Ott, H. (1993) *Martin Heidegger: A Political Life*, trans. by A. Blunden, Fontana, London.

Pallasmaa, J. (1996) *Eyes of the Skin: Architecture and the Senses*, Academy, London.

Perec, G. (1997) *Species of Spaces and Other Pieces*, Penguin, London.

Petzet, H.W. (1993) *Encounters and Dialogues with Martin Heidegger*, trans. by P. Emad and K. Maly, University of Chicago Press, Chicago, IL.

Pevsner N. (1963) *An Outline of European Architecture*, Penguin, Harmondsworth.

Polt, R. (1999) *Heidegger: An Introduction*, UCL Press, London.

Rudofsky, B. (1964) *Architecture Without Architects*: An Introduction to *Non-pedigreed Architecture*, Doubleday, New York.

Safranski, R. (1998) *Martin Heidegger: Between Good and Evil*, trans. by E. Osers, Harvard University Press, Cambridge, MA.

Seamon D. and R. Mugurauer (eds) (1989) *Dwelling, Place and Environment*, Columbia University Press, New York.

Seamon D. (ed.) (1993) Dwelling, Seeing and Designing: Toward a Phenomenological Ecology, SUNY, Albany, NY.

Sharr, A. (2006) *Heidegger's Hut*, MIT Press, Cambridge, MA.

Sheehan, T. (1980) 'Caveat Lector: The New Heidegger', *New York Review of Books*, 4 December 1980, pp. 39-41.

Spier, S. (2001) 'Place, Authorship and the Concrete: Three Conversations with Peter Zumthor', *arq*, vol. 5, no. 1, pp. 15-37.

Steiner, G. (1989) *Real Presences*, Faber & Faber, London.

—— (1992) *Heidegger*, Fontana, London.

Strauven, F. (1998) *Aldo Van Eyck: The Shape of Relativity*, Architectura and Natura, Amsterdam.

Taylor, C. (1975) *Hegel*, CUP, Cambridge.

Tse, Lao (1989) *Tao Te Ching*, trans. by R. Wilhelm and H.G. Ostwald, Penguin Arkana, London.

Unwin, S. (1997) *Analysing Architecture*, Routledge, London.

Vesely, D. (1985) *Architecture and the Conflict of Representation, AA Files*, n8, pp. 21-38

—— (2004) *Architecture in the Age of Divided Representation: The Question of Creativity in the Shadow of Production*, MIT Press, Cambridge, MA.

Wilson, C. St John (1995) *The Other Tradition of Modern Architecture: The Uncompleted Project*, Academy, London.

Wolin R. (2001) *Heidegger's Children: Hannah Arendt, Karl Löwith, Hans Jonas and Herbert Marcuse*, Princeton University Press, Princeton, NJ.

Zumthor, P. (1998a) *Peter Zumthor Works: Buildings and Projects 1979-1997*, Lars Willer, Baden.

—— (1998b) *Thinking Architecture*, Lars Muller, Baden.

—— (2006) *Atmospheres*, Birkhäuser, Basel.

[n.a] (1991), *Mensch and Raum: Das Darmstädter Gespräch 1951*, Vieweg, Braunschweig.

찾아보기

역자 소개

이경창

1992년 동아대학교 건축공학과 졸업후, 2002년 명지대학교 건축공학과 역사 및 이론전공 석사. 2010년 동대학 박사. 역서로는 『건축과 현대성 Architecture and Modernity (2008)』, 『건축과 철학, 발터 벤야민(2012)』이 있다.

건축가를 위한 하이데거

Adam Sharr 저 / 이경창 옮김
재판 1쇄 2013년 11월 11일 발행

발행인 김기현
발행처 시공문화사 Spacetime
등 록 1993년 3월 12일
주 소 서울시 서대문구 독립문공원길 17 극동프라자 5층
전 화 02) 3147-1212, 2323
전 송 02) 3147-2626
ISBN 978-89-5592-277-6

http://www.spacetime.co.kr
spacetime@korea.com

정가 9,800원